natürlich oekom!

Mit diesem Buch halten Sie ein echtes Stück Nachhaltigkeit in den Händen. Durch Ihren Kauf unterstützen Sie eine Produktion mit hohen ökologischen Ansprüchen:

- 100 % Recyclingpapier
- mineralölfreie Druckfarben
- Verzicht auf Plastikfolie
- Kompensation aller CO_2-Emissionen
- kurze Transportwege – in Deutschland gedruckt

Weitere Informationen unter www.natürlich-oekom.de und #natürlichoekom

Bibliografische Information der Deutschen Nationalbibliothek:
Die Deutsche Nationalbibliothek verzeichnet diese Publikation in der Deutschen Nationalbibliografie; detaillierte bibliografische Daten sind im Internet über www.dnb.de abrufbar.

oekom – Gesellschaft für ökologische Kommunikation mbH
Goethestraße 28, 80336 München
+49 89 544184-200
www.oekom.de

Layout und Satz: Markus Miller
Korrektur: Lena Denu
Umschlaggestaltung: Laura Denke, oekom verlag
Umschlagabbildungen: © Adobe Stock / msokolyan (Kastanie), jenesesimre (Baum)
Illustrationen: S. 50: Adobe Stock / msokolyan; S. 54 / 58: Adobe Stock / dnbr; S. 67: Adobe Stock / svitlana; S. 75: Adobe Stock / aksol; S. 99: Adobe Stock / Ina
Druck: CPI books GmbH, Leck

ISBN 978-3-98726-103-9
https://doi.org/10.14512/9783987263477

Anna-Maria Holl

NUSSBÄUME FÜR ALLE

Wie essbare Wälder unsere Ernährung und Artenvielfalt bereichern

Inhalt

Kapitel 1

Wofür steht VifaGe®?

Lebensmittel werden teurer, Verpackungsmaterial, weite Transportwege und Pestizide belasten die Umwelt. Krisen wie Pandemie, Klimawandel und Krieg schüren bei vielen Menschen Ängste. Man fragt sich: »Was passiert eigentlich, wenn der Supermarkt leer ist? Wie kann ich meine Familie ernähren?«

Welche Pflanzen aus der Natur essbar sind, das weiß heute kaum noch jemand. Von den geschätzten 298.000 bekannten Pflanzenarten weltweit[1] könnten rund 50.000 zu unserer Ernährung genutzt werden. Etwa 6.000 werden tatsächlich zum Zwecke unserer Ernährung angebaut, darunter tragen jedoch nur weniger als 200 wesentlich zur Nahrungsmittelproduktion bei. Lediglich drei Arten, nämlich Weizen, Reis und Mais, liefern rund 60 Prozent unserer Nahrungsenergie.[2] Es gilt, die mehr als 40.000 ungenutzten, essbaren Pflanzenarten wieder zu entdecken!

Wir wollen Antworten finden auf die Frage: »Wie schaffen wir eine gesunde Ernährung für alle, die gleichzeitig klima- und umweltschonend ist sowie Ressourcen schafft oder besser nutzt, um selbstständig und langfristig tragfähig zu sein?«

Dazu haben wir 2022 den gemeinnützigen, eingetragenen Verein VifaGe® gegründet. VifaGe® steht für *Vielfa*lt *Ge*nießen.[3]

Unser Ziel ist, allen eine reiche Vielfalt an Nüssen, Obst und essbaren Wildpflanzen kostenfrei zur Verfügung zu stellen, denn nur ein kostenfreies Angebot können sich alle jederzeit leisten. Die Pflanzenauswahl soll neben kulinarischer Vielfalt gleichzeitig auch eine möglichst umfassende und gesunde Grundversorgung der Bevölkerung gewährleisten. »Vielfalt Genießen« ist auch als soziales Statement zu lesen.

Um unsere Ziele zu erreichen, entwickeln wir neuartige Pflanzkonzepte, welche im Idealfall soziale *und* wirtschaftliche Komponenten in sich vereinen, um eine Umgestaltung unseres Lebensmittelkonsums zu ermöglichen. Das VifaGe®-Gesamtkonzept setzt sich zusammen aus sechs Waben, die sich auf unterschiedliche Flächen beziehen und unterschiedliche Schwerpunkte haben. Durch eine veränderte Nutzung dieser Flächen kann neben wirtschaftlichem Ertrag auch eine kostenlose Grundversorgung mit gesunden Lebensmitteln gewährleistet werden. Die VifaGe®-Pflanzkonzepte sollen der Ernährungssicherheit dienen und sind eine Konsequenz aus den Berichten des Intergovernmental Panel on Climate Change (IPCC).[4, 5] Sie orientieren sich außerdem an den Empfehlungen der EAT-Lancet Commission bezüglich einer gesunden und nachhaltigen Ernährung.[6] Unser geschütztes Logo soll die Ernteflächen rechtssicher markieren, unsere geltenden Ernteregeln sind juristisch geprüft und müssen an den Flächen berücksichtigt werden.

In diesem Buch geht es um die VifaGe®-Wabe »Essbare Wälder«, deren Konzept sich auf Wirtschaftswälder konzentriert. Es soll im Folgenden dargestellt werden, wie insbesondere öffentliche Wälder durch waldbauliche Förderung neben allem anderen, was sie für uns leisten, auch unserer Ernährung dienen können.

Das VifaGe®-Grundkonzept besteht aus sechs Waben, die sich auf jeweils unterschiedliche Flächen beziehen. © *VifaGe e.V.*

Kapitel 2

VifaGe®-Wabe »Essbare Wälder«

»Gute Geschichten verlängern sich in eine reiche
Vergangenheit hinein, um eine dichte Gegenwart zu nähren,
die wiederum die Geschichte für diejenigen,
die danach kommen, weitererzählbar macht.«

Donna Haraway[1]

Das Konzept hinter der VifaGe®-Wabe »Essbare Wälder« hat das Ziel, Nussgehölze und andere essbare Wildpflanzen in primär dem Holzertrag dienenden Wirtschaftswäldern zu integrieren, von denen alle ernten können.

Auf größeren Flächen sollen nussfruchtbildende Arten integriert werden, die sich gleichzeitig sowohl für eine Nahrungsmittelernte als auch für die Holzwirtschaft eignen. Das bedeutet, dass die ausgewählten Arten in ihrer Holzqualität den Ansprüchen des Marktes gerecht werden und gleichzeitig essbare Nüsse in einer Größe produzieren müssen, welche für die durchschnittlichen Sammler*innen interessant ist. Arten, die beides in sich vereinen, sind zum Beispiel Hickorys, Walnüsse, Pekannüsse, Edelkastanien, Ginkgo oder essbare Eichen.

Für viele der hier vorgestellten Arten gibt es bisher überhaupt keine, wenige oder keine langfristigen Forschungsergebnisse in Deutschland bezüglich ihres Verhaltens oder Nutzens im Forst. Trotzdem sind Pflanzungen insbesondere entlang von Wanderwegen sinnvoll, wie weiter unten erörtert wird.

Eine Kennzeichnung der Ernteflächen durch das geschützte VifaGe®-Logo sowie die Bindung der Pflanzungen an Flächen entlang von Wanderwegen sollen verhindern, dass Waldbesucher*innen in großen Massen unkontrolliert und abseits der Wanderwege durch den Wald spazieren. Durch die gezielte Lenkung der Besucherinnen und Besucher auf ausgewiesene Flächen kann das Sammeln im Wald auf diese Bereiche fokussiert werden. Dennoch muss anerkannt werden, dass gerade Waldränder und Randbereiche von Waldwegen besonders schützenswerte Biotope sind. Wir umgehen die besonders kritischen Momente wie zum Beispiel Brut- und Setzzeiten mit den Nussbaumpflanzungen, da die Nussernte in den Herbst fällt und auf wenige Tage bis Wochen reduziert ist.

Kernpunkte des Konzepts »Essbare Wälder« auf einen Blick:

- Forstwirtschaftliche Aspekte (hochwertiges Holz)
- Leicht zu erntende Früchte (vom Waldboden)
- Klimastabilität (unter der Annahme, dass es im Sommer trockener und wärmer wird)
- Soziale Aspekte (kostenlos, gesunde Lebensmittel, sozialer Ausgleich, Notnahrung in Krisenzeiten, Sicherheit)
- Naturschutz (Nahrungsquelle für Wildtiere, Nischenschaffung, keine Pestizide/Kunstdünger, kurze Transportwege, keine Erntemaschinen, kein Verpackungsmaterial)
- Genreservoir (Arten- und Sortenvielfalt, lokale Produktion von Saatgut)
- Rechtssicherheit (Ernteregeln, geschütztes Logo vor Ort, Vertragswesen)
- Sonstige Aspekte (Neue Form von Öko-Tourismus, Aufwertung der Region, Lehrmöglichkeiten)

Im Folgenden sollen die verschiedenen Aspekte des Konzeptes »Essbare Wälder« genauer betrachtet werden. Außerdem werden anhand der ersten Flächen, die nach dem VifaGe®-Konzept umgesetzt wurden, Beispiele aus der Praxis vorgestellt.

Kapitel 3

Klima- und Menschenschutz durch Nussbäume im Wald

Nüsse erfreuen sich – zu Recht – steigender Beliebtheit. 2022 lag die weltweite Walnussproduktion gemäß Statistiken der Food and Agriculture Organization (FAO) der Vereinten Nationen bei rund 3,8 Millionen Tonnen, mehr als siebenmal so viel wie noch in den Sechzigerjahren.[1] Bei den weltweiten Produktionsmengen belegen sie damit nach den Mandeln und den Erdnüssen den dritten Platz.

Wenn wir in Deutschland Nüsse im Laden kaufen, haben sie oft schon eine halbe Weltreise hinter sich gebracht: Bei der Einfuhr von Nüssen ist Europa führend, allen voran Deutschland, gefolgt von Italien und Frankreich.

Nussgroßproduzenten sind hingegen China und die USA, beide Länder produzieren zusammen mit Chile, dem Iran und der Ukraine etwa 90 Prozent der Weltproduktion. Während China einen Großteil der im Inland produzierten Nüsse direkt selbst konsumiert, zählen Länder wie die USA, die Türkei und Chile zu den größten Nussexporteuren.[2]

Vorwiegend werden Nüsse in industriell bewirtschafteten Monokulturen angebaut. Für einen Anbau in Monokultur eignen sich nur wenige Arten und Sorten. Der wirtschaftliche Druck auf die Produktion sorgt für einen Optimierungszwang bezüglich des Ernte-, Verarbeitungs- und Transportverfahrens. Auch die jährliche Nussmenge und ihr optisches Erscheinungsbild sind wichtige, begrenzende Kriterien für die industrielle Produktion. Geschmack und Inhaltsstoffe kommen oftmals erst ganz zum Schluss, vom Arten- und Sortenerhalt ganz zu schweigen.

Typisch für die Anbauweise in Monokultur ist auch ein vermehrter Pestizideinsatz aufgrund von Befall durch Insekten, Pilze oder Krankheiten. Beim Einkauf sollte bedacht werden, dass in den nussproduzierenden Ländern oft unterschiedliche Zulassungsbedingungen für den Einsatz verschiedenster Pestizide gelten. Auch die Kontrollen des Pestizideinsatzes sind unterschiedlich effektiv.[3] Studien haben gezeigt, dass diverse Pestizidrückstände in Nüssen oder Nussprodukten nicht nur gefunden wurden,[4] sondern mitunter auch in Konzentrationen auftraten, die eine akute Gefährdung oder chronische Erkrankungen verursachen können.[5] Auch Rückstände von in Deutschland verbotenen Pestiziden wurden bereits in Proben nachgewiesen.[6] Daneben ist auch die Schwefelung der Nüsse zur Aufhellung der Schale sowie die Begasung mit hochgiftigem Methylbromid, um die Nüsse während der Lager- und Transportzeit vor Würmern, Insekten und Pilzen zu schützen, bedenklich.

Um die Belastung durch Giftstoffe so gering wie möglich zu halten, sollte darauf geachtet werden, Nussprodukte aus ökologisch kontrolliertem Anbau zu kaufen. Beim Anbau von Bio-Nüssen ist die Verwendung chemisch-synthetischer Pflanzenschutz- und Düngemittel nicht erlaubt.[7] Auch dürfen Bio-Nüsse nicht gebleicht werden, und anstelle des hochgiftigen Methylbromids werden die Nüsse mittels Druck und Kohlendioxid lagerfähig gemacht.[8] Nüsse in Bio-Qualität sind allerdings sehr teuer und für viele auf die Dauer unerschwinglich.

Weltweit kann man beobachten, dass die Nachfrage nach lokal und ökologisch hergestellten Produkten, zu denen auch viele Nichtholzwaldprodukte wie Nüsse, Beeren, Kräuter, Schmuckgrün, Sämlinge, Pilze, Fische, Wildbret oder Honig zählen, steigt.[9, 10, 11, 12] Das Bundesamt für Naturschutz schreibt: »Es gibt plausible Abschätzungen, dass im Kontext einer Verbreitung entsprechender Lebensstile und Konsummuster die Nachfrage nach ›natürlichen‹ Produkten weiter steigen wird.«[13, 14]

Im VifaGe®-Konzept »Essbare Wälder« wird es naturbelassene, lokal produzierte Nüsse geben, die auch noch kostenlos für alle zur Verfügung stehen. Zusätzlich sind die Nüsse unverpackt, es entsteht also kein oder kaum Plastikmüll, wenn Sammler*innen vor allem Stoffbeutel verwenden. Dabei kann auch ausgeschlossen werden, dass Weichmacher aus Plastikverpackungen oder Mineralöle aus Sortieranlagen in die Nüsse gelangen.[15, 16, 17] Gleichzeitig kann Wasser gespart werden, denn auf der Nussproduktion liegt kein wirtschaftlicher Druck, und die Flächen im Wald müssen nicht gewässert werden, um den Nussertrag zu steigern. Ohne wirtschaftlichen Druck auf die Menge und Qualität der produzierten Nüsse kann die Natur ihrem eigenen Rhythmus folgen.

Ein weiterer Vorteil ist, dass die Freisetzung klimaschädlicher Gase auf ein Minimum reduziert wird, wenn Nusswälder im direkten Einzugsbereich von Dörfern und Städten etabliert werden. Die Transportwege sind dann so kurz wie möglich und weitestgehend schadstofffrei, da Waldwege in der Regel nicht mit Kraftfahrzeugen befahren werden dürfen. Es werden keine Erntemaschinen gebraucht, da im Wald und entsprechend den VifaGe®-Ernteregeln nur für den Eigenbedarf gesammelt werden darf. Die äußerst energieintensive Herstellung, der Transport und die Entsorgung von Verpackungsmaterialien, Pestiziden, künstlichen Düngemitteln sowie sonstigen chemischen Stoffen, entfallen komplett. Mit dem Ernten und dem Verzehr der Nüsse tragen also jede einzelne Sammlerin und jeder einzelne Sammler selbst zum Klimaschutz bei.

Da Sammler*innen den Wald nur zu Fuß, zu Pferd oder mit dem Fahrrad besuchen können, ist schon der Weg zur Erntefläche gut für die eigene Gesundheit und eine Erfrischung für die Seele. Dabei kann das Sammeln ganz einfach in den sonntagnachmittäglichen Spaziergang integriert werden. Verschiedene Studien[18, 19, 20, 21] belegen, dass das Sammeln – wie auch die Jagd – für viele ein wichtiger Anlass ist, »Wälder zu betreten, sich körperlich zu bewegen, zu erholen oder sich über den Verzehr von Pflanzen und Wildbret auch zunehmend gesundheitliche Wirkungen des Waldes zu erschließen.«[22]

Generell werden Nichtholzwaldprodukte im internationalen Diskurs als ein wesentlicher Bestandteil der multifunktionalen Waldbewirtschaftung und der nachhaltigen Waldwirtschaft angesehen. Dies spiegelt sich auch in der Einbeziehung der Nichtholzwaldprodukte in mehreren internationalen Abkommen und Prozessen in Bezug auf Biodiversität, Waldwirtschaft und Klimawandel.[23] Nichtholzwaldprodukte haben eine hohe soziale, kulturelle und regionale Bedeutung, spielen aber auch eine ökonomische Rolle. Während für tropische Wälder schon lange dokumentiert ist, dass Nichtholzwaldprodukte wirtschaftlich sogar bedeutender sein können als der Rohstoff Holz,[24, 25] mehren sich die Belege dafür, dass sie in temperierten Regionen bisher ein eher unterschätztes Segment der Waldgüter und -leistungen sind.

In Deutschland beläuft sich der forstbetriebliche Ertrag aus den klassischen forstlichen Nebennutzungen (wie zum Beispiel Schmuckgrün, Wildlinge oder Saatgut) auf etwa sieben Euro pro Hektar, was etwa eineinhalb Prozent des Umsatzes entspricht. Hinzu kommen etwa 14 Euro pro Hektar aus Jagd und Fischerei (also circa drei Prozent des Umsatzes).[26]

In Europa lag der geschätzte Gesamtwert der Nichtholzwaldprodukte 2016 bei 2,28 Milliarden Euro, davon entfielen 73 Prozent auf pflanzliche Produkte.[27] Insbesondere die Ernte von Nüssen und frischen Beeren für den Eigenbedarf wurde laut einer repräsentativen Haushaltsumfrage in Europa als eine wichtige Aktivität angegeben.[28]

Nüsse sind sehr nährstoffreich und enthalten viele ungesättigte Fettsäuren, Ballaststoffe, Vitamine, Mineralien, Antioxidantien und Phytosterine. Mit dieser Liste an Inhaltsstoffen ist es nicht verwunderlich, dass Nüsse explizit im Kontext einer gesunden Ernährung genannt werden. Ein regelmäßiger Konsum ist assoziiert mit reduzierten Cholesterinwerten, einem geringeren Risiko für Herz-Kreislauf-Erkrankungen und Typ-2-Diabetes sowie einer im Durchschnitt insgesamt geringeren Sterblichkeitsrate.[29, 30, 31, 32, 33]

Obwohl Nüsse eine hohe Energiedichte aufweisen, führt ihr Verzehr nicht etwa zu Übergewicht, sondern senkt sogar das Risiko einer Gewichtszunahme.[34] Ein Grund dafür könnte in dem starken Sättigungsgefühl liegen, dass Nüsse beim Verzehr verursachen.

Der durchschnittliche Nährstoffgehalt der Kerne von öligen und stärkehaltigen Nussarten sind in den unten angefügten Tabellen dargestellt. Die angegebenen Werte können nur eine Orientierung geben, sie schwanken in Abhängigkeit von der Sorte, dem Standort, den klimatischen Bedingungen und den Bodenverhältnissen. Nüsse enthalten weder Vitamin B12 noch Vitamine D, D2 oder D3. Es ist außerdem kein Cholesterin enthalten.

Der Anteil an Nüssen sollte eine deutlich größere Rolle in unserer Ernährung spielen, aktuell konsumieren Menschen in Industrieländern im Durchschnitt weniger als zehn Prozent der empfohlenen Tagesmenge.[35]

Auch Schwangeren empfiehlt die Weltgesundheitsorganisation (WHO) den regelmäßigen Verzehr von Nüssen.[36] Allerdings soll hier erwähnt werden, dass es selbstverständlich auch bei Nüssen unterschiedliche Inhaltsstoffe gibt. Die in Deutschland zunehmend beliebter werdende Paranuss (*Bertholletia excelsa*) aus den Regenwäldern Boliviens und Brasiliens enthält zwar viele gesunde Stoffe, sie reichert jedoch auch auf natürlichem Wege hohe Mengen an radioaktivem Radium an.

Durchschnittlicher Nährstoffgehalt der Kerne (pro 100 g) der hier vorgestellten, öligen Nussarten							
		Walnuss	Schwarz-nuss	Butter-nuss	Hickory	Pekan-nuss	Hasel-nuss
Fettsäuren, gesättigt	g	6,1	3,5	1,3	7	6,2	4,5
Fettsäuren, einfach unge-sättigt	g	9	15,4	10,4	32,6	40,8	45,7
Fettsäuren, mehrfach un-gesättigt	g	47,2	36,4	42,7	21,9	21,6	7,9
Ballaststoffe	g	6,7	6,8	4,7	6,4	9,6	9,7
Kalzium, Ca	mg	98	61	53	61	70	114
Eisen, Fe	mg	2,9	3,1	4	2,1	2,5	4,7
Magnesium, Mg	mg	158	201	237	173	121	163
Phosphor, P	mg	346	513	446	336	277	290
Kalium, K	mg	441	523	421	436	410	680
Natrium, Na	mg	2	2	1	1	0	0
Zink, Zn	mg	3,1	3,4	3,1	4,3	4,5	2,5
Vitamin C	mg	1,3	1,7	3,2	2	1,1	6,3
Thiamin	mg	0,3	0,1	0,4	0,9	0,7	0,6
Riboflavin	mg	0,2	0,1	0,1	0,1	0,1	0,1
Niacin	mg	1,1	0,5	1	0,9	1,2	1,8
Vitamin B6	mg	0,5	0,6	0,6	0,2	0,2	0,6
Folate, DFE	µg	98	31	66	40	22	113
Vitamin A, RAE	µg	1	2	6	7	3	1
Vitamin A, IE	IE	20	40	124	131	56	20
Vitamin E (Alpha-Toco-pherol)	mg	0,7	2,1			1,4	15
Vitamin K (Phyllochinon)	µg	2,7	2,7			3,5	14,2

Tabelle nach Martin Crawford (2016) in *How to grow your own nuts.*[37] RAE: Retinoläquivalent; IE: Internationale Einheit. Die angegebenen Werte sind nur als Richtwerte zu verstehen.

Durchschnittlicher Nährstoffgehalt der Kerne (pro 100 g) der hier vorgestellten, stärkehaltigen Nussarten						
		Europäische Kastanie	Chinesische Kastanie	Japanische Kastanie	Eiche* (Art unklar)	Ginkgo
Fettsäuren, gesättigt	g	0,7	0,3	0,2	4,1	0,4
Fettsäuren, einfach ungesättigt	g	1,3	0,9	0,7	19,9	0,7
Fettsäuren, mehrfach ungesättigt	g	1,5	0,5	0,3	6,1	0,7
Kohlenhydrate	g	78,4	79,8	81,4	53,7	72,5
Kalzium, Ca	mg	64	29	72	54	20
Eisen, Fe	mg	2,4	2,3	3,4	1	1,6
Magnesium, Mg	mg	74	137	115	82	53
Phosphor, P	mg	137	155	169	103	269
Kalium, K	mg	991	726	768	709	998
Natrium, Na	mg	37	5	34	0	13
Zink, Zn	mg	0,4	1,4	2,6	0,7	0,7
Vitamin C	mg	15,1	58,5	61,3	0	29,3
Thiamin	mg	0,4	0,3	0,8	0,1	0,4
Riboflavin	mg	0,1	0,3	0,4	0,2	0,2
Niacin	mg	0,9	1,3	3,5	2,4	11,7
Vitamin B6	mg	0,7	0,7	0,7	0,7	0,6
Folate, DFE	µg	110	110	109	115	106
Vitamin A, RAE	µg	0	16	4	0	55
Vitamin A, IE	IE	0	328	86	0	1,1

Tabelle nach Martin Crawford (2016) in *How to grow your own nuts*.[38] RAE: Retinoläquivalent; IE: Internationale Einheit. Die angegebenen Werte sind nur als Richtwerte zu verstehen. *Die Eichenart ist unklar. Zwischen den Arten kann es große Unterschiede geben bezüglich der Inhaltsstoffe. Auch der Gehalt an Tannin (Gerbstoff) variiert stark und kann zwischen 0,1 bis 8,8 Gramm pro 100 Gramm liegen.

In den tropischen Regenwäldern enthalten die Böden, auf denen die Paranuss gedeiht, teilweise große Mengen an Radium. Das Bundesamt für Strahlenschutz warnt daher, dass Kinder, Schwangere und stillende Mütter Paranüsse *nicht* verzehren sollten.[39] Ganz generell gilt bei der Paranuss, dass sie nur in geringen Mengen verzehrt werden sollte (ein bis zwei Nüsse pro Tag), denn sie gilt außerdem als das Lebensmittel mit dem höchsten Selengehalt. Es kann daher schnell zu einer Überdosierung kommen.

Kapitel 4

Wald – ein veränderliches Wesen

Um unsere Argumente für eine Integration der vorwiegend als nicht heimisch geltenden Nussbäume in den Wald besser nachvollziehen zu können, ist es nötig, einen kurzen Blick auf die Entstehung unserer Wälder zu werfen. Bäume gab es lange bevor es Menschen gab. Bereits im Erdzeitalter des *Devon (vor über 393 bis 359 Millionen Jahren)* entwickelten sich die ersten baumartigen Gewächse mit einem Stamm und einer sich mehrere Meter über dem Erdboden befindlichen Krone.[1] Über Wurzeln nahmen sie Wasser auf, welches über Wasserleitbahnen der Stängel in bodenferne Zellen transportiert wurde, damit diese Photosynthese betreiben konnten. In den länglichen Wasserleitzellen war bereits Lignin eingelagert, dem Stützmaterial, welches den Pflanzen Festigkeit und Stabilität verleiht. Lignine bilden noch heute neben den Zellulosen und den Hemizellulosen 20 bis 30 Prozent der Holzzellwandsubstanz,[2] sie gehören zu den häufigsten in der Natur von Lebewesen hergestellten Stoffen.[3]

Die ersten baumartigen Gewächse waren allerdings noch weit weniger stabil als heutige Bäume. Ihnen vorausgegangen waren erste krautige Gewächse, die den unbelebten Boden überzogen hatten und nun die losen Gesteinspartikel wie Sand und Ton mit ihren Wurzeln festhielten. Allmählich bildete sich eine Vegetationsdecke. Abgestorbene Pflanzenteile vermischten sich mit den festgehaltenen, anorganischen Teilchen, und eine Bodenbildung setzte ein. Auf der Erdoberfläche entstand eine gemischte Schicht aus anorganischen und organischen Substanzen, die Pedosphäre. Der Boden konnte nun Wasser und Nährstoffe halten, was sich wiederum die Pflanzen zunutze machten.[4]

Hochgewachsene, baumartige Pflanzen hoben sich aus der Krautschicht hervor und hatten besseren Zugang zum Sonnenlicht. Das Konzept der Ur-Bäume war enorm erfolgreich, und in der Folge breiteten sie sich über die Erde aus, womit auch der Sauerstoffgehalt der Atmosphäre weiter anstieg. Beide Ereignisse hatten enormen Einfluss auf die Evolutionsgeschichte: Nun wuchs auch die Vielfalt der Tiere auf der Erde.

Mit der Einlagerung des Lignins und der Bildung von Holz konnten sich im Laufe der Zeit die ersten Stämme von Gehölzen entwickeln, die Baumkronen mit Blättern trugen: baumförmige Farne, Schachtelhalme und Bärlappe. Sie bildeten vor etwa 320 Millionen Jahren, am Ende des Devon und im sich anschließenden *Karbon (vor etwa 359 bis 299 Millionen Jahren),* die ersten Wälder. Die Wasserleitsysteme der früheren Arten waren noch längst nicht so leistungsfähig wie bei heutigen Gehölzen, und Wälder konnten nur dort entstehen, wo genügend Wasser zur Verfügung stand: in Sümpfen. Auch Wetterextreme wie große Stürme oder jährliche Frostperioden konnten sie noch nicht überstehen.

In den Karbonwäldern herrschte vermutlich eine gespenstische Stille, denn es existierten wohl nur wenige Tiere, die Laute von sich gaben. Außerhalb des Wassers gab es die ersten Reptilien, die wahrscheinlich stumm waren. Es gab zahlreiche Insekten, darunter riesige Libellen mit einer Flügelspannweite von 35 Zentimetern, und heuschreckenartige Wesen, deren Zirpen das einzige aktive Geräusch gewesen sein könnte. Vögel und Säugetiere gab es noch nicht.

Die uns heute so wichtige Steinkohle entstand aus den Überresten der Farne, Schachtelhalme, Bärlappe und schließlich den ersten Samenpflanzen, die sich gegen Ende des Karbons entwickelten und die anderen Arten zunehmend verdrängten. Über die Differenzierung der Arten und Wälder im *Perm (vor etwa 299 bis 252 Millionen Jahren)* schreibt Hansjörg Küster:

> »Die Urkontinente zerrissen, stießen aneinander, verbanden sich miteinander und zerfielen erneut. Hingen die Kontinentalmassen zusammen, konnten sich die Pflanzen und Tiere auf ihnen einheitlich entwickeln, waren sie voneinander getrennt, entstanden auf jedem Teil der Erde andere Tier- und Pflanzenarten. Weil die Kontinentalmassen in unermesslich langen Zeiträumen durch die verschiedenen Klimazonen der Erde ›drifteten‹, waren im Lauf der Zeiten immer wieder andere Typen von Lebewesen bevorzugt. In jeder Klimazone waren die Voraussetzungen für die Bildung von Wäldern anders.«[5]

Das Ende des Perms ist von einem großen Massenaussterben gekennzeichnet, welches sich bis in die mittlere *Trias (vor etwa 252 bis 201 Millionen Jahren)* fortsetzte. Als Hauptfaktor für den Zusammenbruch fast aller Ökosysteme wird die über mehrere Hunderttausend Jahre andauernde vulkanische Aktivität des Sibirischen Trapps angenommen. Der Megavulkanismus resultierte in vielen Folgeschäden, verursacht durch die erheblichen Mengen emittierter Gase wie Kohlenstoffdioxid, Fluor, Chlorwasserstoff und Schwefeldioxid, das als Schwefelsäure im Regenwasser (saurer Regen) die Biotope schädigte. Gleichzeitig wüteten umfangreiche Kohlebrände, und es kam zu weltweiten Ablagerungen von Flugasche. In einer geologisch sehr kurzen Zeitspanne stieg die globale Temperatur um fünf Grad, was unmittelbar das Massenaussterben befeuerte.

Die im Perm begonnene Umwandlung von Farnen zu Samenpflanzen setzte sich in der Trias weiter fort. Neben Ginkgos und Baumfarnen breiteten sich die Nadelbäume zunehmend aus und eroberten auch Regionen mit weniger feuchten Böden, die zugenommen hatten durch die Verschiebungen der Kontinente und die dadurch entstehenden Gebirge. Nadelbäume, Ginkgobäume und Palmfarne dominierten die Wälder auch im *Jura (vor etwa 201 bis 145 Millionen Jahren)*, der Blütezeit der Dinosaurier. Einige der bis 170 Millionen Jahre alten Fossilienfunde von Ginkgobäumen ähneln noch heute lebenden Verwandten.[6] Erst in der Mitte der *Kreide (vor rund 145 bis 66 Millionen Jahren)* änderte sich die Flora nochmals grundlegend: Die Blütenpflanzen entstanden. Fossile Funde ähneln den uns bekannten Platanen, erinnern an Eichen, Esskastanien, Weiden oder den Gagelstrauch. Die neuen Gehölze hatten gegenüber den anderen den Vorteil, dass es in ihrem Holz besonders gut entwickelte Leitbahnen für den Transport von Wasser gab. Damit konnten auch größere Blattflächen versorgt werden, die durch Verdunstung zwar schneller Wasser verlieren, gleichzeitig jedoch auch eine höhere Photosyntheserate aufweisen. Im Stamm eines Nadelbaumes konnte hingegen nicht genug Wasser transportiert werden, um große Blätter ausreichend zu versorgen. Zusätzlich schränkte Wachs auf den Nadeln vieler Arten die Wasserverdunstung ein. Auf trockenem Boden in tropischen und warmgemäßigten Zonen hatten großblättrige Blütenpflanzen nun also einen Wachstumsvorteil.[7]

Am Ende der Kreide läutete der Asteroideneinschlag in Mexiko ein weiteres, weltweites Massensterben ein, das nahezu alle Tiergruppen, darunter auch die großen Dinosaurier sowie viele Pflanzengruppen, erfasste. Dieses Ereignis markiert zugleich den Anfang einer neuen erdgeschichtlichen Phase, des *Tertiär (vor etwa 66 bis 2,6 Millionen Jahren)*. Die Kontinentalverschiebung verlangsamte sich, und der Superkontinent Gondwana zerbrach endgültig in die uns heute bekannten Kontinente, wobei diese in Teilen noch über Landbrücken verbunden waren. Die Tier- und Pflanzenwelt, wie wir sie heute kennen, entwickelte sich vorwiegend im Tertiär. In Mitteleuropa entstanden ausgedehnte Braunkohlelagerstätten, in deren Schichten zahlreiche Fossilien erhalten geblieben sind. In Europas Wäldern herrschten anfänglich tropische Bedingungen. Unter den Laubbäumen traten nicht nur nahe Verwandte von Eiche, Walnuss, Ahorn oder Stechpalme auf, sondern auch Verwandte heutiger Gewächse der Tropen und Subtropen wie Zimtbaum, Apfelsinen- oder Zitronenbäume. Auch die Überreste vieler Nadelbäume sind in den Braunkohleschichten erhalten, darunter Kiefern, Sumpfzypressen, Mammutbäume, Lebensbäume und Scheinzypressen. Die Wälder des Tertiär waren verschiedenartig, es gab Sumpfwälder, tropisch oder subtropisch geprägte Wälder, Gebirgswälder aus Laub-, Misch- oder Nadelgehölzen, geschlossene und lichte Wälder. Hansjörg Küster schreibt in *Geschichte des Waldes*:

> »In den späteren Perioden des Tertiär sind in Mitteleuropa nicht nur Vorläufer oder Verwandte sämtlicher Baumarten vorgekommen, die heute noch natürlicherweise dort wachsen, sondern auch fast alle anderen Arten, die heute nur in anderen Bereichen der gemäßigten Zonen der Erde zu finden sind und die man in den letzten Jahrhunderten in hiesigen Parks und Gärten als Exoten angepflanzt hatte. Da gab es Pappeln und Weiden neben Ahorn und Schneeball, Zürgelnuß [sic], Spindelbaum, Tulpenbaum und Magnolie, Linden neben Erdbeerbäumen, Götterbaum und Feigenbaum neben den Buchen, Eichen, Ulmen und Hainbuchen.«[8]

Mit der Trennung von Europa und Amerika wurde der Austausch der Floren weitestgehend unterbunden, und sie entwickelten sich von nun an getrennt voneinander.

Die ersten Menschenartigen *(Hominoidea)* traten vor etwa 23 bis 16 Millionen Jahren in Ostafrika in Erscheinung. Mit dem *Quartär (vor etwa 2,6 Millionen Jahren bis heute)* tauchten auch erste Vertreter der Gattung Homo (»Mensch« oder »Mann«) auf, aus der schließlich 300.000 Jahre vor unserer Zeitrechnung der moderne Mensch *(Homo sapiens)* hervorging.[9] Weltweit entwickelten sich die menschlichen Kulturen entlang der vorherrschenden Vegetation. In vielen Regionen der Erde war das der Urwald. So auch über weite Epochen in Europa, obschon der Grad der Bewaldung fluktuierte und Wälder insbesondere während den Eiszeiten nicht immer die Norm waren.

Holz ist trotzdem der Werkstoff, der uns lange und vor allen anderen zur Verfügung stand. Die bei weitem ältesten bekannten Holzgeräte der Welt wurden 1997 im niedersächsischen Schöningen gefunden. Es handelt sich um sieben hölzerne Wurfspeere, die an die 400.000 Jahre alt sind und das erstaunliche, handwerkliche Geschick der damaligen Zivilisation eindrucksvoll dokumentieren. Der Mensch scheint also Jahrhunderttausende früher als bisher angenommen zur Großwildjagd befähigt gewesen zu sein.[10]

Der Beginn der Quartärperiode, des Eiszeitalters, war geprägt von dramatischen Klimaschwankungen. Die Temperaturen schwankten zwischen Kalt- und Warmzeiten, und es ist umstritten, wie viele Kaltzeiten es tatsächlich gab. Während sich die klimatischen Bedingungen in den Tropen kaum veränderten, bedeuteten die Eiszeiten in Mitteleuropa einschneidende Veränderungen für die Vegetation.[11] War fast ganz Europa in den Warmzeiten von Wäldern bedeckt, so wurden diese in den Kaltzeiten zurückgedrängt und überdauerten nur in wenigen, klimatisch begünstigten Refugien. Da das Eiszeitalter zu etwa drei Vierteln aus Eiszeiten und nur zu einem Viertel aus Warmzeiten bestand, war Europa »normalerweise« im Quartär kein Waldland. In den Warmzeiten breiteten sich die Arten aus den Rückzugsgebieten wieder aus, dabei nutzten sie ganz unterschiedliche Strategien und hatten unterschiedlichen Erfolg.

Das mehrfache Hin und Her der Warm- und Kaltzeiten führte zur wiederholten Isolierung der Populationen, was schließlich das Aussterben vieler Pflanzenarten verursachte. Die Baumarten wurden von Warmzeit zu Warmzeit weniger. Man kann sogar behaupten, dass die Artenarmut der Wälder in Mitteleuropa zu einem besonderen Charakteristikum wurde.[12]

Gleich nach einer frühen Eiszeit waren in Mitteleuropa Rosskastanie und Amberbaum ausgestorben, nach einer weiteren Eiszeit folgten Flügelnuss, Mammutbaum, Schirmtanne, Scheinzypresse, Lebensbaum, Magnolie und Tulpenbaum. Dann starben Hemlocktanne, Hickorynuss, Esskastanie,

Walnuss und Hopfenbuche aus. Wieder etwas später folgten Zürgelbaum und Rhododendron. Die Artenzusammensetzung der Vegetation sah also in jeder Warmzeit anders aus.[13, 14, 15]

Während Gebirge und das Mittelmeer die Wander- und Ausbreitungsgebiete in Mitteleuropa stark einschränkten, gibt es in Amerika, Südwest- und Ostasien keine natürliche Südgrenze. Dort konnten die Pflanzenarten der Kälte besser ausweichen und in Warmzeiten ungehindert zurückwandern, sodass viel mehr Arten aus dem Tertiär erhalten geblieben sind.[16]

Die letzte Eiszeit *(Weichsel-/Würm-Kaltzeit, 115.000 bis 11.600 vor unserer Zeitrechnung)* erreichte vor 20.000 Jahren ihren Höhepunkt. In dieser Zeit stießen die Gletscher im Norden Deutschlands bis südlich von Berlin vor. Auch vom Süden her erweiterten sich die alpinen Eisschilde bis nach München. Das Leben zwischen den nördlichen und südlichen Eisschildern glich einer baumlosen Tundra, ähnlich den Kältesteppen der heutigen subpolaren Gebiete. Für pflanzenfressende Tiere wie Rentier, Wildpferd, Mammut oder Wollhaariges Nashorn gab es reichlich Nahrung. Der Neandertaler *(Homo neanderthalensis)* starb aus, und der moderne Mensch *(Homo sapiens sapiens)* trat an seine Stelle.[17] Die Menschen hatten im Verlauf der Evolution die Fähigkeit erworben, die eigene Ernährung dem vorhandenen Angebot anzupassen und sich mit pflanzlicher oder mit fleischlicher Nahrung zu versorgen. Zu den Eiszeiten war das pflanzliche Nahrungsangebot sehr begrenzt, und der Mensch konzentrierte sich eher auf die Jagd. Am Ende der letzten Eiszeit hatten die Menschen vorzügliche Waffen entwickelt für die Jagd in einer noch waldoffenen Landschaft. Erst in der Nacheiszeit *(Holozän, 11.700 vor unserer Zeitrechnung bis heute)* wandelte sich die Vegetation, und mit dem Vordringen der Bäume veränderte sich der Lebensraum der Tiere erneut. Im Wald gab es weniger Futter für die Pflanzenfresser der Steppen und Tundren, die in der Folge abwanderten. Die Menschen mussten ihre Jagdmethoden ändern. Sie entwickelten kleinere Waffen, die für die Jagd auf Waldtiere wie Reh, Hirsch, Wildschwein und Hase angepasst waren.[18]

Pflanzliche Kost stand nun ebenfalls verstärkt zur Verfügung. Tatsächlich mehren sich die Hinweise dafür, dass der Mensch auch früher schon mit seiner Ankunft in Europa die Artenzusammensetzung der Wälder beeinflusst haben könnte: Etwa ab 10.000 vor unserer Zeitrechnung setzten sich Pionierbaumarten wie Birke, Weide und Kiefer durch, deren Samen sich mit dem Wind leicht verbreiten. Die schwere Haselnuss folgte erst etwa 2.000 Jahre später und verbreitete sich in der Folge rasant, obwohl Birke, Weide und Kiefer die idealen Standorte bereits besetzt und aufgrund ihres höheren Wuchses einen Vorteil gegenüber der Haselnuss hatten. Wie konnte sich die Haselnuss unter diesen Bedingungen so rasch von den Alpen bis weit nördlich nach Skandinavien ausbreiten? Eine derartige Verbreitung kann nicht allein auf Tiere wie Eichelhäher oder Eichhörnchen zurückgeführt werden.[19]

Im Unterschied zu vorherigen Warmzeiten hatte sich der Mensch über weite Teile der Erde ausgebreitet. Seine Anwesenheit scheint der Grund dafür zu sein, dass die üblichen Pionierbaumarten nun auch um Haselnussbüsche erweitert wurden. Es ist anzunehmen, dass es eine Art »Nut-Age« der Menschheit gegeben hat, in welchem Menschen absichtlich Haselnüsse in den Wäldern verbreitet haben. Gestützt wird diese These durch Funde in Siedelschichten dieser Zeit, in denen die häufige Nutzung der Nüsse als Nahrungsressource nachgewiesen werden konnte.[20] Haselnüsse schienen neben Fisch zur wichtigsten Nahrungsquelle geworden zu sein. Ähnlich könnte auch die Wassernuss *(Trapa natans)* verbreitet worden sein, eine heute in Europa fast überall ausgestorbene Schwimmpflanze, die zur Zeit der Pfahlbauer noch als wichtige Nahrungsquelle diente.

Von Anfang an haben Menschen also – wie jedes andere Tier auch – Einfluss auf ihre Umwelt genommen. Aber auch der Wald hat seinerseits den Menschen verändert. Wie sehr Wälder unsere Entwicklung geprägt haben, fasst Wolf Helmhard von Hohberg 1682 – fast schon trocken – in einem Satz zusammen: »Hätten wir das Holz nicht, dann hätten wir auch kein Feuer«.[21]

Zwischen dem neunten und siebten Jahrtausend differenzierten sich in Europa vielfältige Waldtypen, abhängig von vorhandenen Tier- und Pflanzenarten, dem Migrationsvermögen der Gehölze, der Bodenbeschaffenheit, dem Bodenleben und dem lokalen Mikroklima. Die Wälder erreichten ihre maximale Ausdehnung und bedeckten nahezu ganz Europa.

Wenn man so möchte, dann kommen diese Wälder dem am nächsten, was man in Mitteleuropa unter einer »natürlichen« – im Sinne von vom Menschen unberührten – Waldvegetation verstehen könnte. Denn obwohl die Menschen auch zu dieser Zeit einen gewissen Einfluss auf die Artenzusammensetzung nahmen, fanden noch keine Rodungen statt. Das sollte sich jedoch bald ändern. Noch heute wäre Europa unter den aktuellen klimatischen Bedingungen von Wald bedeckt, hätte der Mensch nicht begonnen, den Wald zu verdrängen und seine Umwelt komplett zu verändern.

Kapitel 5

Kulturlandschaft Wald – die Zivilisation entsteht

»Die Geschichte der Beziehung zwischen Mensch und Wald enthält, weltweit und über die Jahrtausende gesehen, eine Vielfalt unterschiedlicher Geschichten. Von reinen Forsthistorikern wird oft übersehen, dass die Waldgeschichte von Anfang bis heute aus dem Wald allein überhaupt nicht zu verstehen ist, sondern stets untrennbar mit der gesamten menschlichen Geschichte zusammenhing und zusammenhängt. Die Vielfalt der Weltgeschichte spiegelt sich auch in der Geschichte der Wälder.«

Joachim Radkau[1]

Während die Pflanzendecke Mitteleuropas nach den Kaltzeiten fast vollständig aus Wäldern bestand, begannen Menschen in der *Jungsteinzeit (Neolithikum, 5800 bis 5300 vor unserer Zeitrechnung)* erstmals, deutlich in den Bestand einzugreifen.[2] In dieser Zeit vollzog die Menschheit einen Wandel hin zu Ackerbau und Sesshaftigkeit. Es wurden Flächen gerodet, um landwirtschaftliche Nutzflächen anzulegen und um Bau-, Werk- und Brennholz zu gewinnen. Damit fand eine tiefgreifende Umgestaltung der Wälder von einer Natur- zu einer Kulturlandschaft statt, die sich bis heute fortsetzt. Es wurde außerdem der Grundstein gelegt für die Entwicklung der Zivilisation, die von Anfang an eng an die Ausbreitung des Ackerbaus geknüpft war.

Zunächst konnten nur Böden für den Ackerbau genutzt werden, die ideale Bedingungen aufwiesen, denn die Menschen der Jungsteinzeit besaßen nur Werkzeuge aus Holz, Knochen und Stein. So wurden vor allem Wälder auf fruchtbarem Lößuntergrund gerodet und dezimiert. Wald blieb eher dort erhalten, wo Ackerbau wegen mangelnder Bodenfruchtbarkeit oder technischen Hindernissen erschwert war. Von der Jungsteinzeit bis zur Eisenzeit wuchs die Bevölkerungsdichte in Mitteleuropa. Durch die nun zur Verfügung stehenden Metalle verbesserten sich auch die Werkzeuge, und schließlich gelang der Ackerbau auch auf schwereren oder steinigeren Böden.

Wo Rodungen durchgeführt wurden, waren die Übergänge zwischen Wald und offener Landschaft nicht länger fließend, sondern es entstanden scharfe Waldränder, wie sie uns aus unserer heutigen Kulturlandschaft vertraut sind.

Holz war ein so essenziell wichtiger Werkstoff über die Jungsteinzeit, Kupferzeit, Bronzezeit und Eisenzeit, dass man die frühen Phasen des Ackerbaus in Europa nicht »Steinzeit«, sondern eher »Holzzeit« nennen könnte. Holz als Grundlage der Menschheitsgeschichte wurde lange Zeit unterschätzt, da steinerne oder metallene Gegenstände eher erhalten geblieben sind. So fasst Joachim Radkau zusammen:

> »Am Holz hängt eine ganze Kultur der Arbeit, von der Altsteinzeit bis in die Moderne. Zwischen dem Menschen und dem Werkstoff Holz bestand stets eine Wechselbeziehung: Hand, Muskulatur, Gestaltungskraft des Menschen wurden von der Auseinandersetzung mit dem Holz geprägt, und zugleich trug das hölzerne Werkzeug die Spuren der Hand, die mit ihm arbeitete. […] Holz war über Jahrtausende der allerwichtigste, ja oft der einzige Brenn-, Bau- und Werkstoff, dazu der Grundstoff für Vorläufer der chemischen Industrie. Im Zeichen des Holzes kann man eine ganze Welt Revue passieren lassen: angefangen mit den Holzhauern, den Flößern, den Köhlern, den Pottaschesiedern und den Glasmachern im Walde, weiter zu den Salzsiedern, den Hüttenleuten und Schmieden, den Zimmerern, Wagenbauern, Küfern, Furniersägern bis hin zu der hohen Kunst der Bildschnitzer und Schiffbauer.«[3]

Auch vor der Zeit des Ackerbaus wurde Holz als Brennstoff verwendet, und es wurden bereits Holzpfostenbauten errichtet, die jedoch nicht lange haltbar sein mussten, da die Jäger bald weiterzogen. Mit dem Ackerbau änderte sich der Einfluss auf die Wälder grundlegend. Die Häuser der sesshaften Ackerbauern wurden jetzt über einen längeren Zeitraum besiedelt und mussten stabiler gebaut sein. Es entstanden stattliche Gebäude, sogenannte Langhäuser, die bis zu 30 Meter lang waren und in denen wohl viele Familien zusammenlebten. Zum Aufbau der Langhäuser wurden gerade gewachsene Bäume gebraucht, und man errichtete das Gebäude direkt vor Ort, um weite Transportwege der schweren Stämme zu vermeiden. Das Holz wurde sauber verarbeitet, die Holzbalken und Bretter wurden exakt miteinander verzapft, und die Blockbautechnik war bekannt. Es herrschte Kenntnis darüber, welche Holzart sich für welche Zwecke nutzen ließ. Aus den Faserzellen der Linden konnten Textilien hergestellt werden, Weidenzweige nutzte man zum Korbflechten und Eichen als Bauholz. Esche wurde bevorzugt bei der Herstellung von Gefäßen oder Geräten und Eibenholz für Bögen oder Dolche.

Die Ackerfläche wurde manuell von Gehölzen freigehalten, die immer wieder auf der kahlen Fläche aufkommen wollten. Auch Vieh wurde im angrenzenden Wald gehalten, Wiesen gab es noch keine. Rinder, Schafe, Ziegen und Schweine verbissen junge Bäume und die unteren Bereiche älterer Bäume. In der Folge wurde der Wald lichter, es gab kaum nachwachsende Bäume, und der Altbestand wuchs vermehrt in die Breite. Für das Winterfutter wurde Laubheu gemacht. Dafür schnitt man insbesondere die Zweige von Bäumen mit besonders nahrhaftem Laub wie Ulmen, Linden, Eschen oder Haselsträucher, um die Blätter zu trocknen und später zu verfüttern. Diese Form der Laubnutzung wird als Schneiteln bezeichnet. Während Hasel, Linde und Esche das Schneiteln einigermaßen gut vertragen, schädigt es die Ulme stark. Im mittleren Holozän kam es zu einem großen Ulmensterben, als die Bäume von einem Schlauchpilz befallen wurden, der vom Großen Ulmensplintkäfer übertragen wurde. Man kann darüber spekulieren, ob der Pilzbefall durch das Schneiteln und der damit verbundenen Schwächung der Bäume begünstigt wurde. [4] Nachweißbar ist jedenfalls, dass der Anteil der Ulmen an den Wäldern deutlich zurückging und sie zu einer seltenen Baumart wurde.

Ein Langhaus hatte eine Lebensdauer von etwa 30 Jahren, danach musste es neu errichtet werden. In direkter Umgebung gab es jedoch kein geeignetes Holz mehr, denn die Siedlungsflächen waren kahl, die nächsten Bäume durch Viehweide verbissen und krumm. So zogen die Bewohnerinnen und Bewohner weiter und errichteten andernorts eine neue Siedlung.

Die von den Menschen aufgegebene Siedlung wurde vom Wald zurückerobert. Der sich nun neu bildende Wald unterschied sich allerdings in der

Artenzusammensetzung vom vorher gerodeten Wald. Die Böden waren nun reich an Stickstoff, was zum Beispiel Schwarzen Holunder begünstigte. Die Lichtungen wurden zunächst von Brombeeren, Himbeeren, Erdbeeren, Vogelbeeren, Weißdornen, Schlehen, Kirschen oder Haseln bewachsen. Es folgten langsamer wachsende Baumarten, die schließlich die oberste Baumschicht der Wälder besetzten. Neben den Arten, die es vor der Rodung schon gegeben hatte, gesellte sich verstärkt auch die Rotbuche hinzu.[5] Wo die Rotbuche Fuß fasste, beschattete sie stark den Boden, sodass es anderen Baumarten kaum gelang, an derselben Stelle in die Höhe zu kommen. Dadurch wurden die Eichen immer seltener. Vielleicht hätte sich die Rotbuche, die heute als natürliche Vegetation in vielen deutschen Wäldern angesehen wird, im Laufe der Zeit sowieso flächig ausgebreitet. Die Siedlungsweise der Jungsteinzeit bis zur Eisenzeit förderte ihre Verbreitung jedoch maßgeblich und hat den Ausbreitungsprozess zumindest beschleunigt.

In der *Antike (800 vor unserer Zeitrechnung bis 600 nach unserer Zeitrechnung)* etablierten Phönizier, Griechen und vor allem Römer weitreichende Handelsnetzwerke, was auch die rasante Verbreitung verschiedener Baumarten wie Bergahorn *(Acer pseudoplatanus)*, Edelkastanie *(Castanea sativa)* oder der Echten Walnuss *(Juglans regia)* begünstigte.[6] Auch der Apfelbaum *(Malus pumila)* wurde über die Seidenstraße nach Europa eingeführt.

Mit der Ausbreitung des Römischen Reiches kam es zur Entwicklung ortsfester Städte in Mitteleuropa, eine Zivilisation entstand. Dieser Prozess verstärkte sich noch im *Mittelalter (600 bis 1500 nach unserer Zeitrechnung)*. Während in prähistorischer Zeit der Waldbestand insgesamt nur geringfügig abnahm, konnte er sich im Umkreis der frühen Zivilisationen nicht mehr regenerieren. Die Waldfläche nahm von nun an nur noch ab, und die Buche, die zu Beginn der Entwicklung mittelalterlichen Zivilisationen ihre maximale Verbreitung erreicht hatte, wurde nach und nach wieder verdrängt.

Auch die mittelalterlichen Dörfer wurden ortsfest. Damit konnten die Methoden der Bodenbearbeitung intensiviert und Überschüsse erwirtschaftet werden, die an die Grundherrschaft abgegeben wurden. Im *Capitulare de villis* von 795 bestimmte Karl der Große, jede Grundherrschaft habe zu verhindern, dass sich wieder, wie in früherer Zeit, Wald auf ehemaligem Ackerland ausbreitete.

Die Besiedlungsfläche nahm zu, und es begann eine große, regulierte und geplante Rodungsbewegung. Noch heute erkennt man Rodungsdörfer an der planmäßigen Anlage. Es gab nun privaten Grundbesitz, die Fluren umfassten zunächst nur Äcker, später auch Wiesen. Der Wald war in der Regel Allgemeinbesitz. Trotzdem war und blieb der Wald weiterhin wertvolles Weidegebiet für die Bauern, und es gab ein Bewusstsein für den Wert des Waldes.

Die »Holzgerichte« der Markgenossen regelten vielerorts die Nutzung der deutschen Wälder. Das Recht wurde durch Befragung der zur Genossenschaft gehörigen Bauern ermittelt und nicht etwa von oben vorgegeben. Später änderten sich diese Strukturen, und es gab einen »Holzgrafen«, der dem Holzgericht vorsaß und oft vom Grund- oder Landesherren ernannt wurde. Für ihr Nutzungsrecht am Wald erbrachten Bauern üblicherweise auch Dienstleistungen. Sie pflanzen Bäume (vor allem Eichen), entfernten dürres Holz, hielten die Waldwege instand, versorgten den Förster und lieferten mitunter auch Holz an ihren Grundherren.

Ab dem Spätmittelalter verschärften sich die Spannungen zwischen Bauern und Grundherren. Oftmals mussten die Schweine der Bauern, die zur Mast in den Wald getrieben wurden, sich den Wald mit den »Herrenschweinen« teilen. Später kamen auch noch die »Amtsschweine« der Beamten hinzu.

Die Nutzung von Eichenwäldern zur Schweinemast brachte schneller und mehr Geld ein als die gesamte Holznutzung. Es entbrannten gar »Schweinekriege« um das Recht, Schweine in den Wald zu treiben. Der Wert der Eichen als Fruchtbaum spiegelt sich wortwörtlich auch in den Strafen für Baumfrevler wider:

> »›Wenn einer eine Eiche ringelt (durch Abschälen eines Rindenstreifens zum Absterben bringt), was soll dessen Strafe sein?‹ Und das Weistum der Hülseder Holzmark im Wesergebirge gibt die brutale Antwort: ›Dessen Darm soll man wieder um die Eiche winden.‹ ›Wenn einer eine Eiche köpft, was soll dessen Strafe sein? Dem soll man den Kopf abhauen und an die Stelle setzen.‹ […] Das waren die ›spiegelnden Strafen‹: Was einer dem Baum zuleide tut, soll ihm selber angetan werden. Der Baum als gleichberechtigtes Lebewesen!«[7]

Der Fürst hatte oft das Monopol auf den Holzhandel, der im Laufe der frühen Neuzeit rasant zunahm und die Markgenossenschaften mehr und mehr entmachtete. Aber auch schon früher hatten Landesherren ein großes Interesse am Wald, dessen Holz für das expandierende Berg- und Hüttenwesen benötigt wurde. Von besonderem Interesse der Grundherrschaft war das Jagdrecht. Herrschaftliche Jagden waren gesellschaftliche Großereignisse und hatten sicherlich auch machtpolitische Relevanz. Zunehmend wurden die Rechte der Bauern am Wald ausgedünnt und der Wald der Kontrolle der Landesherren unterstellt, ein langwieriger, »blutiger und grausamer Prozess«.[8]

Insbesondere im 14. Jahrhundert entstanden viele Städte, die Unmengen an Holz benötigten. Die Städte wurden an Flüssen angelegt, dessen Wasser man mit Wehren aus Holz staute und lenkte. Große Mühlräder wurden aus Holz konstruiert, die Stadt fußte auf Fundamenten aus Holz und war von Wällen und Mauern aus Holz umgeben. Häuser wurden aus Holz errichtet, Wege wurden mit Holz befestigt und auf Bohlen- oder Bretterwegen ausgeführt. Brücken, Schleusen, Kais und Landungsbrücken wurden aus Holz gebaut, genauso wie Boote und Schiffe. Wagen und Fässer aus Holz transportierten Waren über Land.

Klöster und Kathedralen verschlangen riesige Holzmengen. Ausbesserungsarbeiten aller Anlagen aus Holz mussten jährlich durchgeführt werden. Es siedelten sich Gewerbe mit eher geringerem Holzverbrauch an, wie Wagner oder Stellmacher, Schreiner, Küfer, Böttcher, Korbflechter, Besenbinder, Drechsler oder Schnitzer. Einen hohen Holzverbrauch hatten Bäcker, Metzger, Fischer, Bierbrauer, Töpfer und Schmiede, die allesamt ihre Öfen kontinuierlich befeuern mussten. Da alles aus Holz war, war auch die Brandgefahr enorm, und kleine Brände konnten sich durchaus auf die ganze Stadt ausweiten. Abgebrannte Häuser oder Stadtteile mussten schnell wieder aufgebaut werden. Lewis Mumford schrieb 1934:

> »Holz war der vielfältigste, der am besten formbare, der nützlichste aller Stoffe, die der Mensch in seiner Technik gebraucht hat: Selbst der Stein war bestenfalls ein Beiwerk. Das Holz gab dem Menschen das vorbereitende Training in der Stein- wie in der Metalltechnik: Kein Wunder, dass der Mensch dem Holz treu blieb, als er seine Holztempel in Stein übersetzte.

> Und das Geschick des Holzhandwerkers steht am Ursprung der meisten postneolithischen Errungenschaften in der Entwicklung der Maschine. Man nehme das Holz weg, und man nähme buchstäblich die Grundpfeiler der modernen Technik weg.«[9]

Der riesige Holzhunger resultierte in weithin kahlen Flächen um die Städte, was auch gewollt war, denn so konnten heranrückende Feinde besser gesichtet und bekämpft werden.

Nachdem die Städte über einige Jahrzehnte florierten, trat überall das gleiche Problem auf: Holzmangel, der die Städte existenziell bedrohte. Das Holz musste nun über große Entfernungen transportiert werden, wofür die Flüsse »flößbar« gemacht wurden. Baumstämme konnte man als Floß zusammengebunden den Fluss hinab zu den Städten transportieren, dafür wurden Steine aus den Wasserläufen geräumt, die Ufer mit Mauern und Holzbohlen verschalt und Wehre zur Regulierung des Wasserflusses errichtet. Die Flößerei benötigte für ihre umfangreiche Infrastruktur und deren Instandhaltung also selbst gewaltige Mengen an Holz. Ein Rheinfloß konnte über 300 Meter lang und 30 Meter breit sein, auf ihm lebten einige hundert Ruderknechte und Arbeiter. Holz wurde zur ersten Massenware und über weite Strecken transportiert.

In der *Neuzeit (ab etwa 1500 nach unserer Zeitrechnung bis heute)* nahm der Handel weiter zu und wurde zunehmend auch über die Kontinente hinweg betrieben. Nach dem Bausektor hatten häufig Böttcher oder Küfer einen hohen Holzbedarf, um Fässer und ähnliche Behälter herzustellen, die für den Transport von Gütern gebraucht wurden. Da es bei den Fässern auf die Dichte ankam, bevorzugten Böttcher Eichen- und Eschenholz, womit sie in Konkurrenz zu vielen anderen Gewerben traten. In Schweden werden Wanderdünen auf die Abholzungen zurückgeführt, die einst zur Herstellung von Heringsfässern für die Hanse durchgeführt wurden. Frankreich hatte im frühen 19. Jahrhundert »nicht einmal mehr genug hochwertige Eichen, um seinen Wein in Fässer zu füllen«.[10]

Als Reaktion auf den Holzmangel wurde oft die bäuerliche Waldnutzung verboten oder eingeschränkt. Unter anderem resultierte die Not der Bauern und Bäuerinnen und ihr Kampf um die Ressource Holz im Bauernkrieg 1525.

Wurde Holz noch bis zum 19. Jahrhundert zum größten Teil als Brennstoff für den häuslichen Gebrauch verwendet, stiegen mehr und mehr auch die »Feuergewerbe« als Brennholzgroßverbraucher auf. Das Montanwesen brauchte neben dem Grubenholz vor allem auch Brenn- und Kohlholz für die Schmelzhütten. Der Holzverbrauch hing stark mit dem Schmelzpunkt des Metalls und der Höhe des Metallanteils im vorgefundenen Mineral zusammen. Besonders Eisenhütten hatten einen hohen Verbrauch, da der Schmelzpunkt des Eisens mit 1.528 Grad Celsius sehr hoch liegt. Der Schmelzpunkt des hochgekohlten Gusseisens liegt allerdings schon bei 1.150 Grad Celsius und konnte bereits in primitiveren Schmelzhütten erreicht werden.[11] Es folgen Kupfer (1.083 Grad), Gold (1.063 Grad), Silber (961 Grad) und – weit darunter – Zink (420 Grad), Blei (327 Grad) und Zinn (232 Grad).[12] Hansjörg Küster schreibt dazu in seiner *Geschichte des Waldes*:

> »Um nur ein Beispiel für die Dimension der Holznutzung zu geben: Im Jahr 1822 wurden im Siegerland und in seiner Umgebung 80.000 Tonnen Roheisen erzeugt. Um diese Masse an Erz zu bekommen, mußten [sic] vier Millionen Festmeter Holz, zu Holzkohle vermeilert, bereitgestellt werden. Heute werden im gesamten Bundesland Rheinland-Pfalz nur etwa zwei Millionen Festmeter Holz geschlagen.«[13]

Insbesondere auch die Salinen brauchten zum Versieden der Sole in den Siedehäusern große Mengen an Holz, und in manchen Regionen war die Salzindustrie der weitaus größte Holzverbraucher. Salz wurde für die Haltbarmachung von Lebensmitteln gebraucht, denn Kühl- oder Gefrierschränke gab es noch nicht.

Neben der Metall- und der Salzproduktion entwickelte sich die Glasmacherei ab dem 16. Jahrhundert zum dritten großen Holzverbraucher. Als Brennstoff für die Glasherstellung wurden Buchenholz oder Holzkohle verwendet, während große Mengen an Pottasche als Flussmittel für die Glasmasse eingesetzt wurden. Dank der Pottasche konnte der Schmelzpunkt der Glasmasse von 1.800 auf 1.200 Grad Celsius reduziert werden, was die Anforderungen an die Glasöfen reduzierte. Die Pottaschegewinnung war jedoch besonders verschwenderisch: Zunächst wurde das Holz verbrannt, dann die Asche mit Wasser ausgelaugt und schließlich die Lauge unter erneutem Holzaufwand verdampft. Durchschnittlich 1.000 Kilogramm Holz waren nötig, um ein Kilogramm Pottasche zu produzieren (von Fichtenholz sogar 2.000 Kilogramm, von Buchenholz nur 700 Kilogramm).[14]

Die Teerschwelerei und Pechbrennerei erlebten einen Aufschwung im Zusammenhang mit dem Schiffbau und ließen sich mit der Köhlerei kombinieren. Der bei der Verkohlung von harzreichem Nadelholz destillierte Holzteer wurde in einem eigens dafür angelegten Graben unter dem Meiler gesammelt.

Die Reduzierung des Holzvolumens bei der Pottascheherstellung, aber auch bei der Teer- und Pechgewinnung (Holz verliert bei der Verkohlung etwa drei Viertel seiner Substanz), ermöglichte es auch noch, Wälder in unwegsamen Regionen auszubeuten, sodass selbst entlegenste Waldgebiete zerstört wurden.

Die umfassenden Rodungen hinterließen weitläufige kahle Flächen, die sich nicht von selbst regenerieren konnten. Der Bewaldungsgrad erreichte im 18. Jahrhundert sein Minimum, und infolge des verheerenden Raubbaus verloren die Böden ihre Fruchtbarkeit durch Erosion, was vielerorts schwerwiegende Folgen für die Bevölkerung hatte. Ganze Siedlungen mussten aufgegeben werden, und besonders in Kriegszeiten kam es immer wieder zu Versorgungskrisen und Hungersnöten.[15]

Aber auch machtpolitisch hatten Wälder und die damit verbundenen Holzvorräte eine herausragende Bedeutung, denn nicht zuletzt hingen Schiffbau und Metallverarbeitung von der Verfügbarkeit des Rohstoffes Holz ab. So lässt sich über die vergangenen Epochen eine Verschiebung der Machtzentren vom alten Babylonien über Makedonien und Rom nach Spanien, Frankreich und schließlich zum britischen Empire in Abhängigkeit der zur Verfügung stehenden Waldressourcen verfolgen. Schon in einer babylonischen Keilschrift heißt es: »Weißt du nicht, dass die Wälder das Leben eines Landes sind?«[16]

Im neuzeitlichen Europa wurde die Verbindung von Wald und Macht sehr bewusst und zielstrebig perfektioniert und in Institutionen verankert. Umso mehr war das Wirtschaftsleben im 18. Jahrhundert durch die einsetzende Holzverknappung bedroht. Diese »Holzbremse« dämpfte immer wieder die hemmungslosen Wachstumsambitionen und wurde erst mit dem intensiven Einsatz von Kohle außer Kraft gesetzt.

Um der »Holznot« entgegenzuwirken, entwickelte sich ab dem 18. Jahrhundert schließlich eine geregelte Forstwirtschaft. Deren erstes Ziel war, genügend Holz »nachzuhalten«. Schon Heinrich Cotta (1763–1844), einer der Gründerväter der Forstwissenschaft, betonte: »Die Forstwirtschaft ist ein Kind des Holzmangels«. In seinem grundlegenden Werk über den Waldbau schreibt er weiter:

> »Wenn die Menschen Deutschland verließen, so würde dieses nach 100 Jahren ganz mit Holz bewachsen sein. Da nun letztes niemand benutzte, so würde es die Erde düngen und die Wälder würden nicht nur größer, sondern auch fruchtbarer werden. Kehrten aber nachher die Menschen wieder zurück und machten sie wieder ebenso große Anforderungen an Holz, Waldstreu und Viehweide, wie gegenwärtig, so würden die Wälder bey der besten Forstwirthschaft abermal nicht blos kleiner, sondern auch unfruchtbarer werden [sic].«[17]

Von Beginn an stand die Holzgewinnung im Vordergrund der wissenschaftlichen Forstwirtschaft. Aber auch der Erhalt der Wälder und damit des Wohlstandes spielten eine Rolle. In der Ansprache von Gottlob König bei der Versammlung deutscher Land- und Forstwirte in Thüringen heißt es 1840:

> »Laßt [sic] uns unserem höheren Berufe getreu neben der ergiebigsten Holzzucht die natürliche Bestimmung der Wälder nicht aus dem Blicke verlieren. […] Wo Wälder und Bäume verschwinden, tritt Dürre und Öde an ihre Stelle. […] Der Fall des ersten Baumes war bekanntlich der Anfang, aber der Fall des letzten ist ebenso gewiß [sic] das Ende der Zivilisation. Zwischen diesen zwei Grenzpunkten bewegen wir uns. Die Zeit des letzten liegt in unserer Hand.«[18]

Obwohl eine umfangreiche Waldverwüstung eher durch die Obrigkeit ermöglicht wurde, die die Wälder dem Holzbedarf des expandierenden Berg- und Hüttenwesens preisgaben, wurden die Bauern weithin als Schuldige für den »erbärmlichen Verfall« der Wälder identifiziert. Neben der Holzgewinnung wurden alle anderen Waldnutzungsarten zu »Nebennutzungen« deklariert oder galten gar als Waldschädigung. Besonders das Verbot der bis dahin üblichen, kostenlosen Brennholzentnahme führte zu erheblichen Spannungen zwischen der modernisierten Forstverwaltung und weiten Teilen der Bevölkerung, die sich zuspitzten bis hin zu einer sozialen Krise.

Die Fronten zwischen Land- und Forstwirtschaft verhärteten sich zunehmend, und dies verhinderte langfristig Denkansätze zur Verbindung von Wald- und Forstwirtschaft. Einzig Heinrich Cotta schlug unter dem Eindruck der Hungerjahre 1816 und 1817 vor, Wald und Ackerbau wieder einander anzunähern, um eine »Baumfeldwirtschaft« zu betreiben. Mit dieser Position isolierte er sich jedoch unter den Forstwissenschaftlern.[19]

Trotzdem war die durch die Forstreformen mögliche Aufforstung eine der großen Leistungen der Geschichte. Von 1878 bis 1937 wuchs die Waldfläche Deutschlands um jährlich rund 10.000 Hektar,[20] wobei in der Mehrzahl Hut- und Weideflächen sowie Ödland aufgeforstet wurden. Traditionell war das Baumpflanzen Frauenarbeit, die Löhne der »Kulturfrauen« waren allerdings gering.

Zu diesem Zeitpunkt gab es in Mitteleuropa – abgesehen von kleineren Restbeständen wie dem Boubin-Urwald im Böhmerwald – schon lange keine größeren Urwälder mehr. Stattdessen wurden auf den devastierten Flächen künstliche Wälder neu begründet.

Aus ökonomischer Sicht bot sich die Pflanzung von Kiefern und Fichten in Reinbeständen an, auch wenn solcherart Pflanzungen am Anfang eher zurückhaltend praktiziert wurden. Die Nadelgehölze zeigten auf den nährstoffverarmten Böden ein befriedigendes Wachstum und boten die Möglichkeit einer effizienten Holzernte. Dies war ganz im Sinne der Bergwerkverwaltungen, die das Nadelholz zum Stollenausbau bevorzugten: Holzstützen aus Fichte, Kiefer und Lärche erzeugen bei erhöhtem Druck ein stöhnendes Geräusch, was Bergmänner vor einem drohenden Einsturz des Stollens warnte.

Auch in der Flößerei war das Nadelholz bevorzugt, denn mit zunehmendem Handel wurde es wichtiger, Holz in Massen über große Entfernungen zu transportieren, was fast ausschließlich über den Wasserweg rentabel war. Die Trift- und Flößbarkeit des Holzes hängt von seiner Dichte ab. Eichen- und Buchenholz ließ sich aufgrund der hohen Dichte nur auf einer Unterlage von Nadelholzstämmen flößen, was umständlich und aufwendig war. Auch die bisher aus Buchen- und Eichenholz gewonnene Holzkohle für Hütten und Hammerwerke wurde zunehmend aus schnellerwachsenden Gehölzen gewonnen, da der gesteigerte Bedarf ansonsten nicht zu decken gewesen wäre.

Zusätzlich begünstigte die voranschreitende Standardisierung der Verarbeitung von Holz als Massenware Nadelholzmonokulturen. Nadelgehölze bestehen vorwiegend aus nur einer einzigen Art von Zellen, den Faserzellen. Diese verleihen dem Baum Festigkeit und versorgen ihn gleichzeitig mit Wasser. Laubbäume hingegen entwickelten sich evolutionsgeschichtlich erst später und besitzen kompliziertere, nach verschiedenen Funktionen spezialisierte Zellen. Das Stamminnere lässt sich bei Laubbäumen oftmals schwer einschätzen. Auch die eher bei Laubbäumen und in Mischwäldern auftretenden »Holzfehler«, wie Krummwuchs, Drehwuchs sowie andere Abweichungen des Stammes von einer gleichmäßigen Zylinderform störten die schnelllaufenden Maschinen automatisierter Sägewerke.

Nicht zuletzt bot die Etablierung von Nadelholzmonokulturen eine effektive Möglichkeit, die Bauern mit ihren vielseitigen Interessen am Wald endgültig aus den Wäldern zu verbannen: Bauern brauchten für die Nutzung der Wälder als Viehweide Eichen oder andere Ertragsbäume, was sie zu Gegnern der Nadelholzaufforstung machte.

Im 19. Jahrhundert wurde Deutschland international zum Pionier der Aufforstung und der nachhaltigen Waldwirtschaft. Als nachhaltig galt ursprünglich das »Gleichmaß der Holzerträge«, also ein Wirtschaftsprinzip, welches die kontinuierliche, beständige und nachhaltige Holznutzung gewährleisten sollte. Um die enthaltenen Holzmassen und den jährlichen Zuwachs zu ermitteln, musste zunächst eine Bestandsaufnahme erfolgen – eine schwierige Herausforderung, da viele Wälder noch nicht durch Waldwege erschlossen waren. Besonders in Wäldern, in denen Baumarten und Altersklassen gemischt vorkamen, war die genaue Datenerhebung kompliziert. Auch daraus ergab sich eine Vorliebe für den Kahlschlag und die Begründung von Reinbeständen.

Entscheidend für die Erholung der Wälder war außerdem, dass Holz und Holzkohle zunehmend durch fossile Kohle als Brennstoff für die Verhüttung von Erzen ersetzt wurden. Freilich begann mit der Neuzeit auch das Zeitalter des Kolonialismus, und der Abbau von Edelmetallen sowie die Gewinnung des Rohstoffes Holz verschoben sich zunehmend in die Kolonien auf anderen Kontinenten. Denn trotz Kohle- und Stahlboom blieb der Holzverbrauch weiterhin hoch. Insbesondere der Bausektor sowie die Möbel- und die Papierindustrie hatten einen intensiven Holzbedarf.

Im Dritten Reich wurde Autarkie in der Holzversorgung angestrebt, und die nationalsozialistische Autarkiepolitik führte erneut zu einem deutlichen Einschnitt mit einer Übernutzung der Wälder. Mitten im Krieg und im totalitären Staat formierte sich Widerstand gegen die Ausbeutung der Wälder, und eine aus dem Deutschen Heimatbund entsprungene Initiative setzte sich zur Rettung des deutschen Laubwaldes ein.

Nach 1945 folgten die »Besatzungshiebe« der Siegermächte, die die Wälder weiter belasteten. Auch hier regte sich Widerstand, und 1947 gründete sich die Schutzgemeinschaft Deutscher Wald.[21] Unter Lebensgefahr hinderten knapp 500 Bürgerinnen und Bürger die Alliierten, weitere Reparationshiebe im deutschen Wald durchzuführen und das Holz in ihre Länder abzutransportieren.

Nach dem Zweiten Weltkrieg forstete man wieder auf, und von 1950 bis 1961 wuchs der Wald jährlich um etwa 9.000 Hektar.[22] Besonders in der Nachkriegszeit wurden langsam wachsende Buchen durch schnellwachsende Nadelhölzer ersetzt. Niederwälder wurden transformiert in Nadelholzhochwald.

Die forstwirtschaftlichen Maßnahmen führten dazu, dass die bewaldete Fläche in Deutschland bis heute wieder auf etwa ein Drittel des Landes anwachsen konnte.

Heute werden von den insgesamt 35,7 Millionen Hektar deutscher Landfläche knapp über 30 Prozent für die Wald- beziehungsweise Forstwirtschaft genutzt.[23] Der Großteil der deutschen Wälder sind eine über gut 8000 Jahre geschaffene Kulturlandschaft, deren Pflanzenbestand stark durch menschliche Auswahl geprägt ist. In Deutschland entstanden ausgedehnte Wälder, die eigentlich keine Wälder sind, sondern Holzplantagen, deren Leitbild von Anfang an nicht der Urwald, sondern die landwirtschaftliche Kultur war. Unser heutiges allgemeines Waldverständnis ist weitgehend vom aufgeräumten Forst geprägt, der in keiner Weise vergleichbar ist mit den ursprünglichen Wäldern unserer Heimat.

Die Zusammensetzung der Arten in unseren Wäldern ist keinesfalls »natürlich«, sondern vom Menschen etabliert. Zwar handelt es sich vorwiegend um »heimische Arten«, jedoch ist der Standort der gepflanzten Arten oft keinesfalls als »heimisch« zu bezeichnen. Das zeigt sich insbesondere am Beispiel der Fichte: Ihr natürliches Verbreitungsgebiet sind Bergmischwälder der Mittelgebirge ab 800 Metern und subalpine Nadelwälder der Alpen ab 1.300 Metern Höhe bis zur Waldgrenze bei 1.900 bis 2.000 Höhenmeter. Durch menschliches Anpflanzen macht sie heute 25 Prozent des deutschen Waldbestandes aus und wächst somit weitläufig auch an Standorten, die für die Fichte ungeeignet sind. So verwundert es nicht, dass sie im Vergleich zu allen anderen Baumarten die höchste Mortalitätsrate aufweist.[24]

Die Definition von »Nachhaltigkeit« hat sich seither zwar stark gewandelt, doch Holznutzung und damit wirtschaftliche Interessen dominieren nach wie vor das Thema Waldnutzung und -gestaltung. Mit zunehmender Umweltverschmutzung und den daraus entstehenden Waldschäden rückte der Naturschutz mehr und mehr in das Bewusstsein der Öffentlichkeit. Bereits in den 1980er-Jahren wurde auf das Waldsterben in Deutschland aufmerksam gemacht. Hauptursache war der »saure Regen«, der der Luftverschmutzung durch Kraftwerke und Raffinerien folgte. Die Stickstoff- und Schwefeloxide aus Verbrennungsvorgängen wandelten sich in der Atmosphäre zu Säuren um, die als saurer Regen zurück auf die Erde gelangten und die Böden versauern ließen. In sauren Böden werden Aluminium-Ionen freigesetzt, die für die meisten (Kultur)pflanzen schädlich sind.

Zahlreiche Bewegungen schlossen sich in dieser Zeit zusammen, um sich für den Schutz des Waldes starkzumachen. Dazu gehören der 1975 gegründete Bund für Umwelt und Naturschutz (BUND),[25] der sich neben der Antiatombewegung schon früh für den Naturschutz starkmachte. 1980 gründete sich Greenpeace Deutschland,[26] und noch im selben Jahr entstand aus Umweltverbänden, Friedens- und Anti-Atom-Bewegungen sowie Dritte-Welt-Gruppen die erste deutsche Umweltpartei: die Grünen.[27] 1982 folgte die Gründung von Robin Wood,[28] eine Gewaltfreie Aktionsgemeinschaft für Natur und Umwelt.

Die Jahresmittelwerte der Stickstoffdioxidbelastung zeigen seit 1995 eine deutliche Abnahme. Trotzdem gelten Verbrennungsmotoren und Feuerungsanlagen für Kohle, Öl, Gas, Holz und Abfälle bis heute als die Hauptquellen von Stickstoffoxiden. In Ballungsgebieten ist der Straßenverkehr die bedeutendste Stickstoffoxidquelle.[29]

Mittlerweile gibt es neue und andersartige Waldschäden. Die erneuten Forstreformen der Länder im ersten Jahrzehnt des 21. Jahrhunderts führten zur Umwandlung von staatlichen Forstverwaltungen in Eigenbetriebe mit doppelter Buchführung (statt »Kameralistik«). Damit einher ging ein beispielloser Personalabbau und eine stärker betriebswirtschaftliche Ausrichtung, womit nun der Markt und damit die Effizienzsteigerung über das Wohl des Waldes bestimmt. In der Folge intensivierte sich die Waldnutzung, was häufige Durchforstungen und Befahrungen mit schwerem Gerät, Pflanzungen von nicht standortheimischen »Brotbäumen« (Fichte, Douglasie und Kiefer), einseitige Auslese, konsequente Freistellung von »Zukunftsbäumen« und die Entnahme von zu vielen Altbäumen mit sich brachte. All diese Eingriffe führten und führen dazu, dass die Widerstands- oder Regenerationsfähigkeit, also die Resilienz des Ökosystems Wald, zunehmend geschwächt ist. 2017 schlossen sich kleinere und größere Interessengruppen zur BundesBürgerInitiative WaldSchutz (BBIWS)[30] zusammen, um sich gegen die intensive Holznutzung zu wehren. Vernetzungsprojekte der diversen Initiativen führen ihre unterschiedlichen Stärken zusammen und sollen den Wald besser vor Zerstörung schützen.[31]

Auf unsere künstlichen, geschwächten Wälder trifft nun der Klimawandel. Klimaforscher*innen prognostizieren eine Häufung von Wetterextremen auch in Deutschland: Hitzeperioden, Trockenheit, Stürme, Kälteeinbrüche oder verschobene Niederschlagsmuster können die Widerstandsfähigkeit der Bäume akut gefährden und sie anfälliger für Forstschädlinge machen.

Von 2018 bis 2023 haben Stürme, lange Dürreperioden und Borkenkäferbefall unseren Wäldern stark zugesetzt und für viele Kahle stellen im Grün gesorgt.[32] Die Fläche mit Komplettausfall der Bestände umfasst etwa 245.000 Hektar Waldfläche, was etwas mehr als zwei Prozent der Gesamtwaldfläche ausmacht. Mit insgesamt 160 Millionen Kubikmeter entspricht die Menge an Schadholz etwa 166 Prozent des durchschnittlichen Jahreseinschlags im deutschen Wald.[33] Überwiegend waren Fichten in Monokultur betroffen, die sich in weiten Teilen Deutschlands als standortfremde Baumart nicht mehr behaupten konnten. Die Wiederbewaldung ist eine facettenreiche Herausforderung, die jedoch auch Chancen bietet.

Kapitel 6

Integration von Nussgehölzen in den Wirtschaftswald

Das VifaGe®-Konzept »Essbare Wälder« bezieht sich explizit auf diese Wirtschaftswälder, also vom Menschen gepflanzte, der Holzproduktion dienende Wälder. Insbesondere Wälder in öffentlicher Hand können doppelt genutzt werden, nämlich gleichzeitig auch zur kostenlosen Lebensmittelproduktion für Mensch (und Wildtier).

Bereits 1990 stellte das Bundesverwaltungsgericht fest, dass der Wohlfahrtswirkung des öffentlichen Waldes, also dem Wald im Eigentum aller Bürgerinnen und Bürger, Vorrang einzuräumen sei vor der Holzproduktion: »Die Bewirtschaftung des Staatswaldes dient der Umwelt- und Erholungsfunktion des Waldes, nicht der Sicherung von Absatz und Verwertung forstwirtschaftlicher Erzeugnisse«.[1]

Unser Gemeingut »Wald« entspricht eigentlich einer Allmendefläche und könnte für eine gesunde und – wenn man so will – artgerechte Ernährung der Menschen herangezogen werden. Dafür können großflächig Nussbäume entlang von Waldwegen in den Bestand integriert werden. In Deutschland gibt es etwa 574.000 Kilometer Waldwege,[2] die Länge entspricht etwa 14 Erdumrundungen. Ein Großteil dieser Wege dient vorwiegend zum Ernten des Rohstoffes Holz. Es handelt sich also explizit um Wege in Wirtschaftswäldern, womit genug Raum für die Etablierung von Nussgehölzen wäre, mit dem Ziel einer kostenlosen, unabhängigen Grundversorgung für alle. Vom VifaGe®-Konzept ausgenommen sind naturbelassene Wälder oder Urwälder, die in Deutschland (leider) nur etwa 2,8 Prozent des Waldanteils ausmachen.[3]

Für das VifaGe®-Konzept »Essbare Wälder« müssen die Nussgehölze zwei wesentliche Merkmale erfüllen: Erstens, im forstwirtschaftlich genutzten Wald müssen die Arten in erster Linie geeignet sein für die Holzproduktion, und zweitens, die Früchte müssen groß und gut erreichbar sein, also im Idealfall bei Reife auf den Boden fallen. Diese beiden Kriterien erfüllen vor allem Vertreter der Familie der Walnussgewächse (Juglandaceae) und der Buchengewächse (Fagaceae). Wahlweise kommen weitere Arten aus anderen Familien hinzu.

Natürlich wird es eine Weile dauern, bis die von VifaGe® gepflanzten Nussbäume einen Fruchtertrag liefern. Man kann mit einem nennenswerten Ertrag frühestens nach etwa 10 bis 20 Jahren rechnen. Die Nüsse werden also vornehmlich den jüngeren Generationen und unseren Nachkommen zugutekommen. Das ist aus Sicht des Vereins jedoch kein Nachteil. Um es mit den Worten von Thomas Fuller (1654–1734) zu sagen: »Wer einen Baum pflanzt, liebt außer sich auch andere«.[4]

Kapitel 7

Walnussgewächse (Juglandaceae)

Die Walnussgewächse sind eine Pflanzenfamilie, die in unserer Gegend einst heimisch war, bevor sie vor vielen 10.000 Jahren durch die Launen des Klimas ausradiert wurde. Sie bevölkerten ein Gebiet, das sich über vier Kontinente erstreckt: Europa, Asien, Nord- und Südamerika.

Die Blütezeit der Walnussgewächse fällt in das Tertiär, eine Zeit, die sich vom Ende der Kreidezeit vor 65 Millionen Jahren bis zum Beginn der Eiszeiten im Pleistozän vor 2,5 Millionen Jahren erstreckt. Am Anfang dieser Epoche steht das globale Massensterben, dem auch die Dinosaurier zum Opfer fielen.

In Europa hat seit der Entwicklung dieser Pflanzenfamilie wohl über 63 Millionen Jahre eine vielartige Walnussflora existiert, und erst seit knapp zwei Millionen Jahren fehlen viele Arten. Heute zählen nur noch etwa 60 Arten zur Familie der Walnussgewächse, ein Bruchteil der ursprünglichen Vielfalt.[1] Erstaunlicherweise sind die Namen selbst dieser wenigen Arten in Europa kaum geläufig, was so weit geht, dass einige Arten überhaupt keinen deutschen Namen haben.

Eine Besonderheit der Walnussfamilie ist, dass sich viele Arten innerhalb der Gattungen der Walnüsse und Hickorys untereinander kreuzen lassen. Entstandene Hybriden sind oftmals wieder rückkreuzbar mit den Elternarten. Dies kann eine lokale Auslese und eine Anpassung an regionale Begebenheiten unterstützen.

Ein für die Familie charakteristischer Inhaltsstoff ist das nicht toxische Glucosid Hydrojuglon, welches bei der Schwarznuss in besonders hohen Konzentrationen zu finden ist. Es wird vermutet, dass es in der Pflanze als Wundschutzstoff fungiert. Hydrojuglon wird durch Regen aus den Pflanzenteilen ausgewaschen und gelangt mit dem Wasser oder durch abgeworfenes Laub in den Boden. Dort wird es zum toxischen Juglon umgewandelt, welches im Einflussbereich der Baumkrone eine hemmende Wirkung auf die Keimung und das Wachstum anderer Pflanzen haben kann. Juglon ist schlecht wasserlöslich und wandert dementsprechend nicht weit im Boden. Die toxische Wirkung auf die umliegende Bodenvegetation tritt etwa ab dem siebten oder achten Lebensjahr der Bäume auf. Wichtig ist hier zu verstehen, dass einige Gewächse tolerant sind.[2] So zum Beispiel die unterschiedlichsten Gräser und Pflanzen mit einer sogenannten Kutikula, einem wachsartigen Überzug auf Blättern und anderen Pflanzenteilen. Dies ist deshalb interessant, da viele unserer Feldfrüchte zu den Gräsern gehören (Weizen und Mais), womit diese Feldfrüchte unterhalb der Baumkrone durchaus angebaut werden könnten. Eventuell kann der Nachteil durch die Beschattung durch einen Wachstumsvorteil ausgeglichen werden, da Beikräuter in ihrem Wachstum gehemmt werden.

Juglon hat die Eigenschaft, stark zu färben, was erkennbar ist durch die Schwarzfärbung verletzter oder absterbender Pflanzenteile. Insbesondere bei Kontakt mit der noch grünen Schale, aber auch beim Anfassen frischer Nüsse, können sich auch die Hände schwarz färben. Selbst Textilien können sich dauerhaft verfärben. Juglon stellt außerdem eine wirkungsvolle Abwehr gegen Insekten dar.

Die Walnussfamilie besteht aus insgesamt acht Gattungen, fünf davon werden in Europa kultiviert: Walnüsse *(Juglans),* Flügelnüsse *(Pterocarya),* Hickorys *(Carya),* Zapfennüsse *(Platycarya)* und Ringflügelnüsse *(Cyclocarya).* Bei uns im Freiland nicht kultivierbar sind Vertreter der Gattungen *Engelhardia*, *Oreomunnea* und *Alfaroa*, deren Verbreitungsgebiete sich von Indien bis Indonesien *(Engelhardia)* und über einen kleinen Teil Zentralamerikas erstrecken.[3]

Für das VifaGe®-Konzept »Essbare Wälder« sind zwei Gattungen aufgrund der Fruchtbildung von besonderem Interesse, nämlich *Juglans* und *Carya*. Die Früchte der Flügel-, der Zapfen- und der Ringflügelnüsse sind zu klein, um eine effektive Ernte per Hand zu erlauben.

Schon Karl der Große (742–814) empfahl die Anpflanzung von »Nux gallica« im *Capitulare*, und in Klosterverzeichnissen sind entsprechend Lieferungen größerer Mengen von Nüssen vermerkt.

Die Idee, die Bäume speziell für den Nussertrag im Wald zu integrieren, ist tatsächlich nicht ganz neu. Auch der kaiserliche Forstmeister Rebmann in Straßburg war ein glühender Verfechter dieses Ansatzes, was ihm später sogar den Spitznamen »Nussmann« einbringen sollte.[4] Trotz anfänglicher Misserfolge konnte er sich langfristig durchsetzen:

> »Diesen Aufsatz habe ich unter dem Eindruck der gewaltigen Kriegsereignisse vollendet und kann nur wiederholt darauf hinweisen, wie notwendig diese Hölzer für unser Heer – insbesondere unsere Artillerie – sind, und möchte ich alle Waldbesitzer bitten, diese Holzarten, wo es möglich ist, im Interesse des Vaterlandes anzubauen. Spätere Generationen werden uns dafür dankbar sein.«[5]

Auch Johann Wolfgang von Goethe wusste Nussbäume wohl sehr zu schätzen. 1774 schreibt er in *Die Leiden des jungen Werthers*:

> »Man möchte sich dem Teufel ergeben, Wilhelm, über all die Hunde, die Gott auf Erden duldet, ohne Sinn und Gefühl an dem wenigen, was drauf noch was werth ist. Du kennst die Nußbäume, unter denen ich bey dem ehrlichen Pfarren zu St., mit Lotten gesessen, die herrlichen Nußbäume, die mich, Gott weis, immer mit dem grösten Seelenvergnügen füllten. Wie vertraulich sie den Pfarrhof machten, wie kühl und wie herrlich die Aeste waren. Und die Erinnerung bis zu die guten Kerls von Pfarrers, die sie von so viel Jahren pflanzten. Der Schulmeister hat uns den einen Namen oft genannt, den er von seinem Grosvater gehört hatte, und so ein braver Mann soll er gewesen seyn, und sein Andenken war mir immer heilig, unter den Bäumen. Ich sage Dir, dem Schulmeister standen die Thränen in den Augen, da wir gestern davon redeten, daß sie abgehauen worden – Abgehauen! Ich möchte rasend werden, ich könnte den Hund ermorden, der den ersten Hieb dran that.
>
> Ich, der ich könnte mich vertrauren, wenn so ein paar Bäume in meinem Hofe stünden, und einer davon stürbe vor Alter ab, ich muß so zusehn [sic].«[6]

Walnüsse (*Juglans*)

Die aus 22 Arten bestehende Gattung der Walnüsse *(Juglans)* gehört zur Familie der Walnussgewächse (*Juglandaceae*). Walnüsse haben besonders wegen ihres wertvollen Holzes eine beachtliche wirtschaftliche Bedeutung.

Begehrt ist es im Innenausbau und in der Möbelindustrie für Furniere. Für den Außenbau ist es wegen der fehlenden Dauerhaftigkeit ohne Imprägnierung mit chemischen Schutzstoffen nicht geeignet. Heute werden Walnüsse in vielen Gebieten der Erde versuchsweise forstlich kultiviert, dies betrifft vor allem Schwarznuss, Butternuss, Echte Walnuss, und die Mandschurische Walnuss (Letztere vorwiegend in Russland).

Für Pflanzungen im Wirtschaftswald konzentriert sich das VifaGe®-Konzept auf Echte Walnuss *(Juglans regia)*, Schwarznussbaum *(Juglans nigra)* und Butternuss *(Juglans cinerea)*.

Echte Walnuss (*Juglans regia*)

Die Echte Walnuss ist in Deutschland nur selten im Wald zu finden. Eine Aussage über das insgesamt mögliche Standortspektrum unter Berücksichtigung von Klima und Boden ist mangels Erfahrungen bisher kaum möglich.[7]

Traditionell werden Nussbestände eher in Weinbaugebieten begründet, auf tiefgründigen, gut durchlüfteten, frischen und nährstoffreichen Böden mit pH-Werten zwischen (5), 6 und 8. Dort zeigen sie gute Wuchsleistungen.[8, 9] Zwischen 1908 und 1917 wurden auch in den hessischen Rheinauen Bestände aus Echter Walnuss angelegt.[10]

Im Rahmen des EU-Trees4F-Projektes wurde das theoretische, künftige Verbreitungsspektrum von 67 Baumarten unter den zu erwartenden Klimaveränderungen prognostiziert.[11, 12] Auch die Walnuss wurde betrachtet. In der Prognose weitet sich ihr Verbreitungsgebiet in den untersuchten Perioden von 2021 bis 2050, 2051 bis 2080 und 2081 bis 2110 zunehmend in nördliche Regionen aus.[13] Viele Regionen in Deutschland würden demzufolge im möglichen Verbreitungsgebiet liegen. Wenn wir die Bäume also jetzt pflanzen, geben wir ihnen einen kleinen Vorsprung – in der Erwartung, dass sie in ein paar Jahrzehnten lokal angepasstes Saatgut produzieren, welches vor Ort zur Etablierung weiterer Bestände genutzt werden könnte.

Die Echte Walnuss ist frostempfindlich. Für den Anbau zur Holzproduktion sind Spätfröste nur dort gefährlich, wo sie häufig und wiederholt auftreten. Zunächst nicht tödliche Winterfrostschäden beeinträchtigen häufig die Vitalität, und in der Folge kann es dann zum Befall durch den

Hallimasch (*Armillaria mellea* s.l.) kommen. Der Schwächeparasit schädigt die anfällige Nussbaumwurzel vor allem nach Frost-, aber auch nach Trockenheitsschäden oder mechanischen Verletzungen bei der Pflanzung. Er kann neben Kambium- und Wurzelschäden auch eine stammentwertende Weißfäule verursachen. Stärker geschädigte Bäume können absterben, und in alternden Beständen kann er bei nachlassender Baumvitalität zum begrenzenden Faktor der Umtriebszeit werden.

Besonders die Jungbäume sind empfindlich gegen Spätfröste. Ältere Bäume können Teilschäden erleiden, wodurch Triebe und junge Blätter zurückfrieren und auch die Blüten geschädigt werden können. Dadurch kann es zu Einbußen im Ertrag kommen. Trotzdem treiben die Bäume meist schnell wieder aus und erholen sich relativ zügig, da mit dem Neuaustrieb oftmals keine Fruchtbildung verbunden ist. Obwohl praktisch alle Nussbaumarten sehr empfindlich gegen Staunässe und Wechselfeuchte sind, ist ihre Überflutungstoleranz bei ziehendem Wasser ausgesprochen hoch. Als Baumart zweiter Ordnung erreicht die Walnuss Baumhöhen von 20 bis 30 Metern.

Walnüsse sind, wie die übrigen hier vorgestellten Nussbaumarten, sehr anspruchsvoll und pflegebedürftig in der Jugendphase. Da sie ihre Energie zunächst in das Wurzelwachstum investieren, ist das Höhenwachstum in den ersten Jahren eher gering. Dies mindert ihre Konkurrenzkraft gegenüber anderen Baumarten. Deshalb sollte die Walnuss nie in Einzelmischung gepflanzt werden, wenn mit Konkurrenz (Naturverjüngung) zu rechnen ist. Am besten bringt man sie als Trupp- oder Gruppengröße im engen Pflanzverband in Bestände ein.

Walnussholz gehört seit jeher zu den wertvollsten Edelhölzern, selbst Holzfehler wie Kernschäle, Mondringe, Verletzungen, Krümmungen und Äste wirken sich nur wenig auf den Preis aus, ganz im Gegensatz zur Buche, Esche oder Eiche. Da der Anbau von Hochstämmen zur Nussproduktion ständig abnimmt, entsteht hier eine immer größer werdende Aufkommenslücke, die durch den Anbau der Echten Walnuss im Wald geschlossen werden könnte. Weltweit besteht seit Jahren eine hohe Nachfrage, dem aus Deutschland bisher kein nennenswertes Holzaufkommen gegenübersteht.

Das Holz findet Verwendung für Schnitz- und Drechslerarbeiten, Furniere, Möbel, Uhrengehäuse, Musikinstrumente (Klaviere), Knöpfe und reichgeschnitztes Chorgestühl. Die Verwendung des Holzes für Kolben von Jagdwaffen führte in Deutschland dazu, dass viele Bäume gefällt wurden. Ein ähnlicher Raubbau in den USA dezimierte dort stark die natürlichen Vorkommen von Butternuss und Schwarznuss.

Walnüsse weisen unterschiedliche genetische Veranlagungen hinsichtlich ihrer Frost- und Schadresistenz sowie im Wuchsverhalten aus. Mangels Erfahrung gibt es bisher nur vorläufige Empfehlungen für den forstlichen Anbau, da erwerbgeprüfte Herkünfte bislang nicht zur Verfügung stehen. Dazu zählen die im Folgenden gelisteten Absaaten:[14, 15]

- Absaaten von Ertragssorten aus dem deutschen Nusssortiment: Güls/Mosel Nr. 120, Geisenheim/Rüdesheim Nr. 26, Weinheim/Bergstraße Nr. 139.
- Absaaten der französischen Sorte Lozeronne zeigen beim Internationalen Nussbaumprovenienz- und Sortenversuch von 1995 sehr gute Wuchsleistungen und Qualitäten.
- Absaaten von Nussbeständen aus dem Ursprungsgebiet der Walnuss (autochtone Walnüsse). Die Herkünfte Dachigam (Kaschmir, Indien), Manshi (Pakistan) und Kanshian (Pakistan) zeigen in Versuchsbeständen der ETH Zürich hervorragende Qualitäten.
- Absaaten der Sorte A117 (Ungarn) scheinen Erfolg versprechend.

Die Sorten Dachigam und Manshi haben eine ähnlich harte Schale wie die Schwarznuss und lassen sich nur mit dem Hammer knacken. Sie eignen sich daher nur bedingt für den Verzehr, könnten aber künftig möglicherweise als wüchsige Unterlage für Veredelungen dienen. Ideale Herkünfte für Wald und Frucht sind die Sorten 26 (spättreibend für Spätfrostlagen) und 120 (normalaustreibend). Aus VifaGe®-Sicht sollten unbedingt auch versuchsweise verschiedene andere Herkünfte und Sorten in kleineren Kohorten eingebunden werden, um die lokale genetische Vielfalt zu erweitern. Generell gilt für die Nussgehölze, dass eine Etablierung durch Saat von Vorteil ist, da sich dann die Pfahlwurzel ungestört ausbilden kann. Werden Pflanzen gesetzt, wird die Pfahlwurzel oft geschädigt oder gar gekappt, was die jungen Bäume in ihrer Vitalität nachhaltig einschränkt. Pflanzgut sollte maximal einjährig sein, um die Bildung der Pfahlwurzel nicht zu behindern.

Pro Hektar können 250 bis maximal 1.000 Sämlinge gepflanzt werden, was Pflanzverbänden von 10 × 4 Metern bis 5 × 2 Metern entspricht. Werden landwirtschaftliche Flächen mit Nussbäumen aufgeforstet, sollten »Treibhölzer« wie zum Beispiel Weiden, Erlen, Linden oder Hainbuchen mitgepflanzt werden.[16] Zu dichter Graswuchs beeinträchtigt das Höhenwachstum der Nussbäume empfindlich, und eine Baumscheibe von etwa einem Meter Durchmesser sollte entsprechend freigehalten werden.

In der Regel werden Nussbäume nicht verbissen. Sie werden von den Hirschen jedoch zum Fegen der Geweihe aufgesucht, weshalb ein Fegeschutz angebracht werden muss. Dabei scheinen sich Netzhüllen besser zu eignen als Wachshüllen.

Wird die Terminalknospe verletzt, kommt es häufig zu Zwieselbildung. Der daraus resultierende Seitendruck kann ungünstige Wuchsformen und Schiefstand befördern, weshalb die Zwiesel mit einer scharfen Schere geschnitten werden sollten.[17]

Freigestellt werden Nussbäume ab etwa acht Metern Oberhöhe. Eine Kronenfreistellung ist förderlich für die Fruchtbildung: eine große Krone bringt mehr Früchte und schnelleres Holzwachstum. Die Kurzformel für Nussgehölze lautet: säen, wertästen, freistellen.

Informationen und Exkursionen rund um das Thema Nussanbau im Forst bietet auch die Interessengemeinschaft (IG) Nuss, Sektion Holz.[18] Von Forstleuten, Waldbesitzer*innen, Nussanbauern und anderen an der Nuss interessierten Menschen 1991 gegründet, setzt sich die IG Nuss seither für die Förderung des Anbaus von Nussbäumen in Mitteleuropa ein und bietet für den Austausch eine Plattform. Obwohl zunächst Wal- und Schwarznuss sowie Hybride aus beiden Arten im vordergründigen Interesse standen, kommen zunehmend auch andere Nussbaumarten hinzu, wie Hickorys und Baumhaseln.

Walnüsse besitzen sowohl männliche als auch weibliche Blüten, die jedoch zumeist zu unterschiedlichen Zeiten blühen. Aus diesem Grund sind die Bäume oft nur in geringem Maße selbstbefruchtend. Die Blüten werden windbestäubt, der Bestäuber sollte nicht weiter als 100 Meter Abstand haben. Bei hoher Luftfeuchtigkeit reduziert sich der Abstand auf 50 Meter. Jungbäume der Echten Walnuss beginnen etwa mit fünf Jahren, Nüsse zu produzieren. Die Produktion nimmt zu, bis der Baum 25 Jahre oder älter ist.

Üblich ist ein jährlicher Ertrag, sofern es die Wetterbedingungen zulassen. Bei idealem Standort beträgt der Ertrag von fünf- bis zehnjährigen Jungbäumen etwa zwei bis fünf Kilogramm pro Baum. Zehn- bis zwanzigjährige Bäume liefern etwa 15 bis 50 Kilogramm Nüsse pro Baum und über 25-jährige etwa 50 bis 75 Kilogramm Nüsse pro Baum, vorausgesetzt, die Bäume stehen frei. Im Forst sind geringere Ertragsmengen zu erwarten, da der Verzweigungsgrad geringer ausfällt. Die Ernteperiode auf natürliche Weise vom Baum gefallener Nüsse erstreckt sich meist über zehn bis 14 Tage.[19]

Holzsteckbrief Echte Walnuss (*Juglans regia*)[20]	
Holzart	Kernholzbaum mit einem vom hellfarbigen Splintholz farblich deutlich abgesetzten Farbkern.
Besonderheiten	Maserknollen. Holz gehört zu den teuersten einheimischen Hölzern. Das feuchte, gelbsäurehaltige Holz verfärbt sich bei Kontakt mit Eisen schwarzblau.
Eigenschaften	Mittelschwer, mäßig schwindend und von guten elastomechanischen Eigenschaften.
Verwendungszweck	Luxuriöse Möbel, Innenausbau, Schnitz- und Drechslerarbeiten, Herstellung von Gewehrschäften.
Dichte	570–810 kg/m³
Elastizitätsmodul	12.500–13.000 N/mm²
Zugfestigkeit	3,5 N/mm²
Scherfestigkeit	7–9 N/mm²
Biegezugfestigkeit	99–178 N/mm²
Härte nach Brinell – längs	50–46 N/mm²
Härte nach Brinell – quer	28–30 N/mm²
Differentielles Schwindmaß – tangential (% je % Feuchteänderung)	0,28 %
Differentielles Schwindmaß – radial (% je % Feuchteänderung)	0,18 %
Biologische Schadensfaktoren	Insektenbefall

Die Früchte sind sehr wertvoll für unsere Ernährung. Walnüsse gelten wegen vieler Inhaltsstoffe als besonders gesund. Sie haben einen hohen Anteil an Eiweiß (bis zu 15 Prozent, mit allen essenziellen Aminosäuren) und vor allem fette Öle (bis zu 65 Prozent, insbesondere Linolsäure, Ölsäure und Linolensäure). Ihr Vitamingehalt (vor allem B-Vitamine und Vitamin E) und die Menge an Mineralien (besonders Magnesium) ist höher als bei vielen Gemüsearten. Sie eignen sich für den Sofortverzehr, für Salate, Suppen, Saucen, Pesto, herzhafte Gerichte, zum Backen, für Süßspeisen, Krokant, Konfekt, Eis, Cremes, Füllungen, Liköre, Essig und Wein oder als Milchersatz. Walnüsse lassen sich zu einem hochwertigen Öl pressen, als Nebenprodukt entsteht Nussmehl.[21] Außerdem weisen sie eine gute Lager- und Transportfähigkeit auf. Für eine lange Lagerfähigkeit müssen die Nüsse allerdings gut getrocknet werden.

Neben den Nüssen kann selbst die Walnussschale kulinarisch verwendet werden: zerkleinert und in kleinen Mengen kann sie ins Kochwasser gegeben werden und Suppen und Soßen geschmacklich abrunden. Grundsätzlich wäre auch der Baumsaft sowohl bei Echter Walnuss als auch bei Schwarz- und Butternuss nutzbar, ähnlich wie beim kanadischen Ahorn. Allerdings wird der Baum dadurch geschwächt, weshalb diese Art der Nutzung im VifaGe®-Konzept nicht vorgesehen ist.

Nahezu alle Pflanzenteile der Echten Walnuss können medizinisch genutzt werden. Auch für die Tierwelt bilden die Walnüsse eine echte Bereicherung. Besonders für Vögel und Nager scheinen sie sehr attraktiv zu sein. In der mitteleuropäischen Kulturlandschaft sind neben Krähen, Kolkraben, Eichelhähern, Spechten (Bunt-, Grün-, und Schwarzspechten) und Elstern auch kleinere Vögel an der Echten Walnuss beobachtet worden, wie Meisen, Grünfinken, Kleiber und Amseln. Eichhörnchen, Siebenschläfer und Mäuse legen sich Vorräte von Walnüssen an, und auch bei Wildschweinen sind die Nüsse beliebt.[22]

Schwarznuss (*Juglans nigra*)

Die Schwarznuss ist eine Lichtholzart und hat ihr natürliches Verbreitungsgebiet in den östlichen USA, von Kanada bis Florida und sogar in Texas. Sie kommt in den USA vor allem in Mischwäldern mit anderen Laubgehölzen vor und bildet besonders in Partnerschaft mit den verschiedenen Ahornarten wertvolle Bestände. Auch in Europa wird die Schwarznuss in verschiedenen Ländern angebaut, zum Beispiel in Ungarn, Bulgarien, Frankreich und Deutschland. Um 1900 wurde die Schwarznuss in den Rhein- und Donau-Auewäldern angesiedelt und bildet dort heutzutage nennenswerte Bestände.[23] Bezüglich »bewährter« Herkünfte für den forstlichen Anbau wird empfohlen, auf Herkünfte entlang des Rheins zurückzugreifen, wie zum Beispiel Breisach, Philippsburg, Straßburg, Bellheim oder Bensheim.[24, 25]

In Osteuropa wird die Schwarznuss in Plantagen angebaut, so auch in Ungarn (3.400 Hektar), Rumänien (2.100 Hektar), den Flussauen der Slowakei und in der Ukraine. In Kroatien wird die Schwarznuss seit dem Jahr 1890 in Reinbeständen oder in Mischbeständen mit der Zerreiche *(Quercus cerris)* mit einem Flächenanteil von 2.000 Hektar im Donaubecken kultiviert.[26, 27] In einigen deutschen Regionen gilt die Schwarznuss vor dem Hintergrund des Eschentriebsterbens als Alternativbaumart für die Esche. Im Bestand weisen beide Arten ein ähnliches Verhalten auf.

Die Schwarznuss beansprucht beste Standorte als Baumart der Auen und Täler, gedeiht aber auch auf tiefgründigen, gut drainierten Lehmböden. Kurzzeitige Überflutung wird toleriert. Unter den Krautgewächsen sind der gefleckte Aronstab *(Arum maculatum)*, das Waldbingelkraut *(Mercurialis perennis)*, das Scharbockskraut *(Ficaria verna)*, der Bärlauch *(Allium ursinum)* und die Brennnessel *(Urtica dioica)* Zeigerpflanzen für geeignete Standorte.

In ihrem natürlichen Verbreitungsgebiet kommt die Schwarznuss in Mischung mit Eiche, Ahorn, Esche und Hickory im Wald verstreut vor. Damit gilt sie als Waldbaum, der im Mischbestand gut zurechtkommt. Im Vergleich zur Walnuss wird die Konkurrenz durch andere Baumarten besser vertragen, weshalb sich die Schwarznuss eher für einen forstlichen Anbau eignet. Im Forstamt Pfälzer Rheinauen kommt die Schwarznuss in Mischung mit Esche, Bergahorn, Feldahorn, Spitzahorn, Buche, Hainbuche, Kirsche, Erle, Eiche, Winterlinde und in der unteren Baumschicht mit Wildapfel und Wildbirne vor.[28] Unter dem lichten Schirm der Schwarznuss kann sich eine Naturverjüngung aus Edellaubbäumen und schattentoleranten Baumarten gut etablieren.[29] Obwohl die Schwarznuss hohe Konzentrationen von Juglon aufweist, scheinen die toxischen Effekte auf die Bodenvegetation in Waldbeständen kaum eine Rolle zu spielen. Die beobachteten Schwarznussbestände in Deutschland weisen eine artenreiche Bodenvegetation auf, und es kann vermutet werden, dass die Toxizität für die umliegende Vegetation nur in Einzelfällen von Nachteil ist. Potenzielle negative Auswirkungen auf die natürliche Verjüngung des Bestandes können daher vernachlässigt werden.

Waldbaulich wird die Saat gegenüber der Pflanzung bevorzugt, da die Schwarznuss empfindlich auf Wurzeldeformation und Schnittverletzungen reagiert.[30]

Doch auch eine Pflanzung auf Aufforstungsflächen im Reinbestand oder als begleitende Baumart zur Bereicherung der Artenvielfalt und zur Verjüngung eines Bestandes ist möglich. Empfohlen werden Pflanzabstände von 4×5 Metern in jeder Richtung für eine Individuenzahl von 400 bis 625 Pflänzlingen je Hektar oder 3×6 Metern reihenweise für 550 bis 830 Pflänzlinge je Hektar.

Die Jungpflanzen brauchen mindestens drei Jahre, um sich zu etablieren. Im ersten Jahr entwickelt die Pflanze eine über einen Meter lange Pfahlwurzel, die in den darauffolgenden Jahren durch Seitenwurzeln ergänzt wird. Dadurch erreicht sie eine hohe Windwurfresistenz.

Die Schwarznuss erreicht Höhen von 30 bis 40 Metern und erträgt tiefe Wintertemperaturen (bis circa minus 40 Grad Celsius) ohne Schäden. Zudem besitzt sie eine gute Ausschlagfähigkeit: Aus abgefrorenen Pflanzen können Schösslinge mit guter Wuchsleistung austreiben. Spätfröste können jedoch zu ungünstigen Wuchsformen im Kulturstadium führen, und regelmäßige Spätfröste werden als limitierender Faktor für den Anbau in unseren Breitengraden erachtet. Die Schwarznuss weist eine breite ökologische Plastizität auf, und ihr Vorkommen in Mitteleuropa liegt nördlicher als ihr natürliches Verbreitungsgebiet in den USA. Bei einer Bestandsbegründung sollte auf standortgeeignete Sorten und Herkünfte geachtet werden.

Untersuchungen an Schwarznussbäumen (Alter 55 bis 102 Jahre) ergaben, dass die Art eine überraschend reiche Biodiversität der Flechten und Moose aufweist. Ihre Gesamtartenzahl an Flechten und Moosen ist vergleichbar mit der Gemeinen Esche *(Fraxinus excelsior)* und der Hybridpappel *(Populus hybrida)*.[31] Eine Gefährdung durch Pilz- und Bakterienbefall ist geringer als bei der Walnuss.

In Versuchsbeständen der Nordwestdeutschen Forstlichen Versuchsanstalt wurde beobachtet, dass sich die Laubstreu der Schwarznuss schnell zersetzt und die Bildung sehr guter Humusformen fördert.

Holzsteckbrief Schwarznuss (*Juglans nigra*)[32]	
Holzart	Kernholzbaum, das Splintholz ist fast weiß, während das ansprechende Kernholz hell- bis dunkelbraun gefärbt ist und zu einem satt dunklen schokoladenbraunen manchmal fast schwarzen Ton heranreift.
Eigenschaften	Die Holzstruktur ist recht grob, aber gleichförmig. Das Holz ist mittel dicht und schwer, es wiegt nach dem Trocknen durchschnittlich 640 kg/m³, ist mittel biegesteif und druckfest, hoch verformbar und gering schlagfest.
Verwendungszweck	Gewehrschäfte, hochwertige Möbel, Innenausbau, Boot- und Instrumentenbau, Gehäuse und als Drechsel- und Schnitzholz, Rohmaterial für Sperrholzherstellung, dekorative Furniere.
Dichte	580–810 kg/m³
Elastizitätsmodul	11.000–13.500 N/mm²
Druckfestigkeit	44–53 N/mm²
Scherfestigkeit	8,8–9,6 N/mm²
Biegezugfestigkeit	90–103 N/mm²
Härte nach Brinell – längs	50 N/mm²
Härte nach Brinell – quer	26 N/mm²
Differentielles Schwindmaß – tangential (% je % Feuchteänderung)	0,26 %
Differentielles Schwindmaß – radial (% je % Feuchteänderung)	0,19 %
Biologische Schadensfaktoren	Natürliche Holzschädlinge sind bestimmte Pilze, Insekten (Nordamerikanische Holzameise) und der Specht. Das Holz ist in der Regel jedoch recht widerstandsfähig gegen Pilze und Insekten.

Die Nüsse bilden sich alle zwei Jahre, dann jedoch sehr zahlreich. Sie fallen bei Reife mitsamt den fleischigen Hülsen vom Baum. Die Hülsen sollten schnellstmöglich von den Nüssen entfernt werden, und man sollte die Nüsse waschen. Die Hülsen nehmen schnell eine dunkle Färbung an, welche Farbe und Geschmack der Nuss beeinflussen kann. Die Nüsse, die beim Waschen oben schwimmen, können entfernt werden, sie sind schlecht.

Die Schwarznuss ähnelt sehr der Walnuss, sie ist jedoch viel dunkler und kann nur mit einem speziellen Kugelnussknacker (oder mit einem Hammer) geknackt werden. Sie gilt als eine der am schwersten zu knackenden Nüsse. Vor dem Knacken sollte sie über Nacht in Wasser gelegt werden, das reduziert das Zersplittern der Schale, und der Kern bleibt eher als Ganzes erhalten. Am besten verzehrt man die aromatischen Nüsse jung, da sie mit zunehmender Lagerung bitter werden.[33]

Im Wald ist mit einem Fruchtertrag nach etwa 20 Jahren zu rechnen. Im Ertragsanbau ermöglicht eine Veredelung Fruchterträge bereits sieben Jahre nach der Etablierung der Pflanze. Der Anbau der Schwarznuss für die Fruchtproduktion ist ausschließlich in den USA von Bedeutung, dort erfolgt er meist unter einem intensiven Einsatz von chemischen Pflanzenschutzmitteln. Unter bestmöglichen Bedingungen können 370 Kilogramm geschälter, lufttrockener Nüsse je Hektar produziert werden.[34]

Schwarznuss und Echte Walnuss kreuzen sich untereinander und bilden natürliche Hybride. Diese sind von besonderem waldbaulichem Interesse, da sie sich auszeichnen durch ein schnelles und rigoroses Höhen- und Durchmesserwachstum, hohe Vitalität und einen guten Widerstand gegen Schädlinge sowie geringere Spätfrostgefährdung durch eine spätere Austriebszeit.

Butternuss (*Juglans cinerea*)

Die Butternuss stammt aus dem östlichen Nordamerika, wo sie fast die ganzen Küstengebiete besiedelt, bis auf die südlicheren und sumpfigen Landstriche. Vorkommen gibt es außerdem in Kanada und im gesamten Baltikum. Fossile Funde im Rheingebiet, dem Elsass und den Niederlanden weisen darauf hin, dass die Butternüsse vor fünf Millionen Jahren auch in Europa heimisch waren.[35]

Die Butternuss gilt als robuste und äußerst frostharte Nussbaumart, die mit sengender Hitze und klirrendem Frost zurechtkommt. Versuche in Deutschland sind allerdings erst angelaufen, vor allem mit Saatgut aus dem belgischen Forstarboretum Tervuren. Die aschgraue Rinde ist anfangs noch glatt, wird aber mit den Jahren immer rauer und dicker. Sie bricht in dicken Platten auf und ist derart robust, dass auch Waldbrände für die Butternuss absolut kein Problem darstellen. Gleichzeitig bietet die dicke und fast korkartige Rinde einen perfekten Winterschutz. Im Stadtwald von Basel hatte die Butternuss einen deutlichen Wuchsvorsprung gegenüber der Echten Walnuss und der Schwarznuss.[36]

Auch in Bayern wurden in den Jahren 1976 bis 1991 waldbauliche Versuche mit Nussbäumen durchgeführt. Auf insgesamt neun Versuchsflächen mit 34 Parzellen und einer Gesamtfläche von 10,1 Hektar wurde neben Wal- und Schwarznuss auch die Butternuss gepflanzt.[37]

Das Holz der Butternuss ist heller als bei anderen Nussbaumarten. Es ist mit einem Trockengewicht von 435 Kilogramm pro Kubikmeter auch leichter und besitzt eine Volumenschrumpfung nach dem Trocknen von 6,4 Prozent. Zudem weist das Holz einen sehr guten Heizwert auf und lässt sich leicht spalten.

Die Butternüsse reifen bereits vor allen anderen Nüssen im September und verlängern dadurch nachhaltig die Erntezeit. Die Früchte sind länglicher als bei Walnuss und Schwarznuss, der Fruchtmantel ist stark mit der Schale verwachsen. Die Schale selbst ist rau und buchtig, beim Knacken bricht meist die ganze Nuss, sodass das Fruchtfleisch nur als Bruch geerntet werden kann.[38]

Hickory (*Carya*)

Die Gattung Hickory *(Carya)* umfasst 19 Arten und ist eng verwandt mit den Walnüssen. Beide Gattungen gehören zur Familie der Walnussgewächse (Juglandaceae). Es handelt sich um laubabwerfende Bäume mit meist hohem, schmal aufrechtem Wuchs. Sie können zwischen 300 bis 500 Jahre alt werden.

Natürliche Vorkommen sind heute auf Nordamerika und Ostasien reduziert. Fossilienfunde belegen jedoch, dass Hickorys vor den Eiszeiten im gesamten bis subtropisch/tropisch gemäßigten Klima nördlicher Breite heimisch waren.

Für Pflanzungen im Wirtschaftswald konzentriert sich das VifaGe®-Konzept auf Schuppenrinden-Hickory *(Carya ovata)*, Königsnuss *(Carya laciniosa)*, Spottnusshickory *(Carya tormentosa)* und Pekannuss *(Carya illinoinensis)*.

Eine Integration der Hickorys in den deutschen Wald kann sich in mehrfacher Hinsicht durchaus lohnen. Erwachsene Bäume weisen eine große Winterfrosthärte und hervorragende Sturmfestigkeit auf.[39]

Mit 20 bis 30 Metern erreichen Hickorys in unseren Regionen eine geringere Wuchshöhe als in Nordamerika. Eine mögliche Erklärung hierfür wäre folgende: Bäume gehen über ihr Wurzelwerk Symbiosen mit unzähligen Mikroorganismen ein, bestehend aus Bakterien, Archaeen, Viren, Pilzen und Protozoen. Die Zusammensetzung dieses sogenannten Mikrobioms ist nicht nur spezifisch für unterschiedliche Böden, es ist auch auf die Baumart und den Standort abgestimmt. Ist das Mikrobiom im Gleichgewicht, trägt es zur Baumgesundheit bei, und es ist naheliegend, dass es möglicherweise auch einen Einfluss auf den Holzzuwachs hat. Hickorys waren über viele Jahrtausende abwesend in unserer Vegetation, sodass sich Symbionten in der Erde erst wieder finden müssen. Hier ist ein Vorteil, dass Mikroorganismen einen schnellen Lebenszyklus haben, sich also schnell anpassen können. In Kombination mit der genetischen Kompatibilität der Walnussgewächse untereinander könnte es hier zu einer – verhältnismäßig – zügigen lokalen Anpassung kommen.

In Deutschland gibt es Hickorybestände bei Karlsruhe und Rastatt, die nicht nur alle Orkane der letzten 120 Jahre überstanden, sondern auch eine hohe Resistenz gegenüber den Trockenperioden bewiesen haben. Die hier besprochenen Arten zeigen ein immenses Anpassungsvermögen an die verschiedensten Böden (sehr sauer bis alkalisch) und Temperaturverhältnisse.

Aus dem *Verzeichnis des größten Teiles der in Deutschland vorkommenden Carya-Anlagen* geht hervor, dass sich auch Flächen bei Schkeuditz, Kreis Merseburg, befinden.[40] Diese wurden 1894 und 1897 in Bestandslücken des Elster-Luppe-Auenwaldes im Nordwesten Leipzigs angelegt, und ihr Bestand beinhaltet Arten wie Schuppenrinden-Hickory, Bitternuss *(Carya cordiformis)* und Schwarznuss. Die Bäume erreichten eine Maximalhöhe von 33 Metern.

Bestände bei Weimar und Erfurt weisen eine Bestandsmittelhöhe von 26,3 Metern für Schuppenrinden-Hickory und nur 23,5 Metern für die Schwarznuss auf.[41] Auch bei Bad Ferienwalde (Brandenburg) gibt es Fremdländeranbauten mit unter anderem fünf Hickoryarten.[42]

Hickorys wachsen bis zum zehnten Jahr sehr langsam, da sie ihre Energie zuerst voll auf die Ausbildung der Pfahlwurzel verwenden. Diese schiebt sich bereits mehr als 90 Zentimeter in den Boden, wenn die Pflanze selbst erst 20 Zentimeter hoch ist. Damit erreichen sie bereits in frühestem Alter tiefer gelegene Wasserressourcen. Erst später wachsen sie rascher und erreichen auf optimalem Standort relativ starke Dimensionen. Nutzholz liefern sie mit 60 Jahren, das Holz ist mit 820 Kilogramm pro Kubikmeter sehr schwer. Die Stockausschlagfähigkeit ist groß.

Holzsteckbrief Hickory[43]	
Holzart	Kernholzbaum. Der ausgeprägte, breite Splint wird häufig dem Kernholz vorgezogen und ist in Aussehen und Eigenschaften der Esche sehr ähnlich, während das Kernholz eher Walnussholz gleicht.
Besonderheiten	Hickory eignet sich sehr gut zum Dampfbiegen.
Eigenschaften	Hickory ist mit durchschnittlich 820 kg/m³ nach dem Trocknen ein eher schweres, dichtes Holz. Sehr zäh, hohe Werte für Biegesteifigkeit und Druckfestigkeit. Außerordentlich schlagfest und gering verformbar. Hickory ist im Außenbereich nicht dauerhaft.
Verwendungszweck	Ideal für Griffe und Stiele von Schlagwerkzeugen wie Hämmern, Spitzhacken und Äxten. Radspeichen, Stühle und Leitersprossen. Wird vor allem im Innenbereich und im Gerätebau eingesetzt, bevorzugtes Holz für Sportgeräte (»Hickorygolf«).
Dichte	700–840 kg/m³
Elastizitätsmodul	14.000–15.600 N/mm²
Druckfestigkeit	52–63 N/mm²
Zugfestigkeit	150 N/mm²
Scherfestigkeit	10–19 N/mm²
Biegezugfestigkeit	117–135 N/mm²
Härte nach Brinell – längs	76–90 N/mm²
Härte nach Brinell – quer	39–44 N/mm²
Differentielles Schwindmaß – tangential (% je % Feuchteänderung)	0,27 %
Differentielles Schwindmaß – radial (% je % Feuchteänderung)	7–7,8 %
Biologische Schadensfaktoren	Pilze: holzverfärbende und holzzerstörende Pilze (vor allem im Splintholz), Insekten: Lyctidae. Hickory ist nicht bohrmuschelfest.

Deutsche Anbauten verjüngen sich fast immer willig und gewinnen oft Flächenanteile gegenüber anderen Baumarten, da sie wie Walnuss praktisch nicht verbissen werden. Sobald sie einmal eingeführt sind, ist der Pflegeaufwand, um die Hickorys in unserem Ökosystem zu halten und zu integrieren, als gering einzuschätzen. Einer der wüchsigsten Bestände findet sich heute im Stadtwald Erfurt (Spottnuss, Alter 135 Jahre).

Hickorys weisen eine enorme Zähigkeit und Erholungsfähigkeit auf, selbst nach vermeintlichem Erfrieren. Wichtige Holzeigenschaften wurden 1980 auch im westdeutschen Versuchsanbau an zwanzig 87-jährigen Stämmen der Schuppenrinden-Hickory untersucht und mit einer nordamerikanischen Referenzgruppe verglichen.[44] Trotz eines eher mäßigen Durchmesserzuwachses überzeugte das Holz mit »überdurchschnittlicher« Rohdichte, »ausgezeichneter« Biege- und Zugfestigkeit sowie »überragender« Schlagzähigkeit.

Nicht umsonst wurden die ersten Golfschläger, Baseballschläger und Skier aus Hickoryholz hergestellt. Hickoryholz wird überall dort verwendet, wo es auf große Elastizität und Verschleißfestigkeit ankommt. Es wurde genutzt für Radspeichen und -felgen, für Luxuswagen, Schlitten, Propeller und andere Flugzeugteile. Auch heute noch kommt das wertvolle Holz bei der Fertigung hochwertiger Werkzeugstiele für Äxte oder Hämmer zum Einsatz. Das Hickoryholz kommt künftig auch als Ersatz für die Esche in Betracht.

Das Holz der verschiedenen *Carya*-Arten ähnelt sich sehr hinsichtlich der technischen Eigenschaften, sodass gewöhnlich alles als »Hickory« gehandelt wird. Die wichtigsten Holzlieferanten gehören jedoch zur Sektion *Carya*, den »True Hickorys«: Schuppenrinden-Hickory, Königsnuss, Spottnuss-Hickory, und Ferkelnuss *(Carya glabra)*.

Die Pekannuss *(Carya illinoinensis)* zählt zur Sektion *Apocarya*, oder auch »Pecan-Hickorys«. Pekannüsse weisen im Vergleich eine geringerwertige Holzqualität auf, sind aber normalerweise Eschen- und Eichenholz noch überlegen. Der Baum wird zwischen 30 und 50 Meter hoch und kann einen Stammdurchmesser von 1,80 bis 2,10 Metern erreichen.[45] Auch Pekannüsse bilden zunächst eine lange Pfahlwurzel aus, die sich im Alter bis über zehn Meter in das Erdreich strecken kann. In etwa ein bis zwei Metern Tiefe entwickelt sich das weitreichende seitliche Wurzelsystem, das doppelt so groß werden kann wie die Kronenweite. Ideal sind tiefgründige, nährstoffreiche Böden. Trockenheit oder Staunässe werden nicht gut vertragen. Obwohl die Pekannuss lange, heiße Sommer und moderate, kalte Winter bevorzugt, gibt es ein breites Sortenspektrum, und in klimatisch kühleren Regionen wachsen eher Pekannusssorten, die im Norden der USA und im Süden Kanadas kultiviert wurden. Sie sind toleranter bei winterlichen Temperaturen, und ihre Nüsse reifen auch in weniger heißen Sommern. Ausgewachsene Bäume vertragen im Sommer Temperaturen über 40 Grad Celsius und im Winter bis minus 29 Grad Celsius. Pekannussbäume können sehr alt werden, und es gibt Berichte über Bäume, die etwa 1.000 Jahre alt sein sollen und trotzdem noch immer Nüsse produzieren.[46]

Die meisten Hickoryarten produzieren essbare Nüsse. Die Blüten werden über den Wind bestäubt. Obwohl die Bäume sowohl männliche als auch weibliche Blüten hervorbringen, fruchten Einzelbäume in der Regel nicht. Es muss mindestens ein zweiter Nussbaum in der Nähe, also im Umkreis von etwa 50 Metern, stehen. Je mehr Nussbäume, desto besser. Dank der nahrhaften Früchte haben Hickorys auch hierzulande einen besonders hohen biologischen Wert. Sie sind eine interessante Wildfutterquelle für Vögel, Nagetiere, Rot- und Schwarzwild. Zudem bietet die abblätternde Rinde unzähligen Insekten einen Unterschlupf.

Viele Hickorys fruchten nur alle zwei Jahre, was aus menschlicher Sicht ungünstig ist, wenn es um Ertragsmaximierung geht. Aus ökologischer Sicht schützt es die Bäume jedoch vor Schädlingen, da bei einem Befall der Kreislauf unterbrochen wird. Ertragsarten mit jährlicher Fruchtbildung sind oft stärker von Schädlingsbefall betroffen.

Jungbäume fruchten meist erst nach zehn Jahren, was ihre kommerzielle Nutzung zusätzlich reduziert. Die Nüsse haben eher harte Schalen, ähnlich der Schwarznuss. Man kann ein hochwertiges Öl aus ihnen pressen. Gut getrocknet kann man Hickorynüsse zwei bis drei Jahre bei Raumtemperatur lagern.

Außerdem lässt sich von vielen (vielleicht sogar allen) Hickoryarten Baumsaft zapfen, ähnlich dem kanadischen Ahorn.[47]

Die Nüsse von Schuppenrinden-Hickory, Königsnuss und Spottnuss-Hickory verbergen sich in einer grünen Schale, welche sich in vier Teilen ablöst. 1969 wurden Samen von 15 *Carya*-Sippen mittels Gaschromatographie untersucht. Während alle Samen kleine Mengen gesättigter Fettsäuren enthielten, war der Anteil an ungesättigten Fettsäuren (bis zu 73 Prozent Öl- und bis zu 43 Prozent Linolsäure) relativ hoch. Außerdem wurden Spuren von Linolensäure (bis zwei Prozent) gefunden.[48]

Die fast runden und kantigen Früchte der Schuppenrinden-Hickory schmecken besonders aromatisch und überraschend süß. Sie sind ab August bis Oktober reif und werden nur drei bis fünf Zentimeter groß. Die indigene Bevölkerung Nordamerikas nutzte die Nüsse zur Herstellung von Suppen, Mich, Getränke, Mehl und Brot. Der Stamm der Algonquian presst auch heute noch den berühmten Powcohiccorir (Nussmilch) aus den Schuppenrinden-Hickorys.[49]

Als köstlichste der Hickoryarten gilt die etwa fünf Zentimeter lange Königsnuss. Das süße Fruchtfleisch soll geschmacklich sogar die Pekannuss übertreffen. Allerdings ist die Schale sehr hart, und das Knacken fällt entsprechend schwer.

Die kleineren, etwa drei Zentimeter langen Nüsse der Spottnuss-Hickory sind als Nussbruch zu ernten, schmecken aber ebenfalls süß und lecker. Sie reifen ab Oktober.

Eine der begehrtesten Nüsse der Welt ist die Pekannuss, die ebenfalls ab Oktober reift. Im botanischen Sinne handelt es sich eher um eine Steinfrucht als um eine Nuss. Ihre Schale ist dünn und kann leicht geknackt werden. Sie erreicht eine Länge von 2,5 bis sechs Zentimetern und einen Durchmesser von 1,5 bis drei Zentimetern. Die Pekannuss fruchtet jährlich, jedoch folgt auf ein gutes Ertragsjahr oft ein schlechtes Nussjahr. Mit etwa 170.000 Tonnen im Jahr produziert die USA rund 80 Prozent der weltweit angebauten Pekannüsse.[50]

Kapitel 8
Buchengewächse (Fagaceae)

Die Buchengewächse umfassen etwa acht bis zwölf Gattungen. Für das VifaGe® Konzept »Essbare Wälder« sind insbesondere zwei Gattungen interessant: die Kastanien (*Castanea*) und die Eichen (*Quercus*). Vertreter dieser Gattungen erfüllen die von uns gestellten Kriterien, sie eignen sich für die Holzwirtschaft im heimischen Wald und produzieren gleichzeitig Nüsse einer gewissen Größe. Auch die Buchen (*Fagus*) zählen als Gattung zur Familie der Buchengewächse. Ihre Nüsschen lassen sich durchaus kulinarisch verwenden, sie sind jedoch zu klein, um explizit im VifaGe® Konzept »Essbare Wälder« abgebildet zu werden. Außerdem ist die Buche ohnehin eine weit verbreitete, heimische und somit akzeptierte Baumart. Trotzdem wird sie weiter hinten im Buch im Rahmen der essbaren, heimischen Waldbäume beschrieben, denn zum einen hat die Buche in unseren Wäldern einen besonderen Stellenwert und zum anderen umfassen die VifaGe® Konzepte im weiteren Sinne auch die Nutzung essbarer Wildpflanzen.

Kastanien (*Castanea*)

Die Kastanien (*Castanea*) oder Edelkastanien sind eine Gattung der Familie der Buchengewächse (Fagaceae). Weltweit gibt es nur etwa 13 Kastanienarten. Die vier bedeutendsten Arten sind die europäische *(Castanea sativa)*, die chinesische *(C. mollissima)*, die japanische *(C. crenata)* und die amerikanische *(C. dentata)* Kastanie.[1]

Die europäische Edelkastanie ist die einzige in Europa heimische Art, alle anderen Arten waren ursprünglich nicht in Europa heimisch.[2] Diverse Hybride zwischen den Arten wurden gezüchtet, um neue Sorten mit erhöhter Widerstandskraft gegenüber einzelnen Krankheiten hervorzubringen.

Es wird angenommen, dass die Edelkastanie schon vor und während den Eiszeiten in ganz Europa verbreitet war, und Funde in der Steiermark lassen sich bis in das Pliozän (frühes Tertiär) rückdatieren. Ähnlich wie bei Walnuss und Hickory, verdrängten die sich ausbreitenden Gletscher während den Eiszeiten die Edelkastanienarten vermutlich vollständig aus dem europäischen Raum. Nach der letzten Eiszeit kam es nur sehr langsam zu einer erneuten Ausbreitung. Zunächst trugen die Griechen zu einer Ausweitung der Anbaugebiete von Kleinasien über Griechenland bei, später dehnten die Römer die Anbaugebiete über den gesamten europäischen Mittelmeerraum aus.

Für Millionen von Europäern war die Edelkastanie früher ähnlich wichtig wie heute Getreide und Kartoffeln. Die Frucht des Baumes wurde auch Armenbrot genannt, denn sie sicherte ganzen Völkern das Überleben. Je nach Region wurden ein bis zwei Bäume für die ganzjährige Ernährung einer erwachsenen Person veranschlagt.[3] Die Edelkastanie gilt als Symbol des Vorsorgens und der Fruchtbarkeit.

Vor allem in südlichen Alpengebieten wurden Kastanienhaine mit Weidewirtschaft als Zweitnutzung angelegt. Die lebenswichtige Funktion des Baums als Nahrungsquelle ließ die Nutzung seines Holzes eher in den Hintergrund treten.

Nach dem Zusammenbruch des Römischen Reiches und mit dem Beginn der Völkerwanderungen kam es zunehmend zur Verwilderung der Bestände. Erst mit der Begründung des Frankenreiches wurden Neupflanzungen durchgeführt. Wieder war es Karl der Große, der in seinem Werk *Capitularis de villis* die Pflanzung von Edelkastanien auf seinen Liegenschaften anordnete. Bis ins Mittelalter hinein verbreitete sich der Baum wieder auf ehemaligen Anbaugebieten, was jedoch zu Beginn des 17. Jahrhunderts mit der Einführung der Kartoffel als Volksnahrungsmittel ein jähes Ende fand. Aufgrund der schwindenden Bedeutung als Nahrungsmittel gingen die Bestände der Edelkastanie stark zurück, was durch den intensivierten Straßen- und Schienenausbau und den damit einhergehenden, sinkenden Einfuhrkosten für Getreide, Mais und Reis noch verstärkt wurde.[4]

Mit dem Auftreten des Kastanienrindenkrebses im 20. Jahrhundert und dessen Ausbreitung von Nordamerika auf viele europäische Länder wurden zusätzlich weitläufige Bestände vernichtet.[5] Die überlebenden Bestände erholen sich seit Mitte der 1990er-Jahre wieder. Der Kastanienrindenkrebs ist ein Pilz, der seinerseits durch einen Virus parasitiert wird. Dieses als »Hypovirulenz« bezeichnetes Phänomen schwächt den Kastanienrindenkrebs und lässt befallene Kastanienbäume überleben. Es existieren jedoch unterschiedliche Stämme des Krebses, die nur durch entsprechend angepasste Virusstämme befallen werden können.[6]

In vielen mitteleuropäischen Regionen litt die Kastanie außerdem darunter, dass man ihr Holz als minderwertig der Eiche gegenüber einstufte. Galt die Eiche als königlich, war die Kastanie der Armenbaum. Heute versucht man, dem entgegenzuwirken und das Kastanienholz wieder aufzuwerten.

In Südeuropa hingegen gilt Edelkastanienholz seit jeher als besonders wertvoll und wird dort häufig als »Charakterholzart« mit speziellen Eigenschaften bezeichnet. So soll das Mittlere der fünf Fermentationsfässer bei der traditionellen Herstellung von »Aceto balsamico« aus Edelkastanienholz gefertigt sein, was die Schärfekomponente beeinflusst. Die Edelkastanie wird in Südeuropa oft als Plantagenbaum genutzt, sie wird aber auch als Schattenspender im Weideland oder als Forstpflanze eingesetzt. Es gibt viele Hundert Kastaniensorten, die häufig an das lokale Klima angepasst sind. Allein in Frankreich sind über 700 Sorten registriert.[7]

Der Anbau der Edelkastanie erfolgt als Hochwald, Selve oder Niederwald. Der Hochwald entsteht meist aus Samen und bildet oft eine geschlossene Kronenschicht. Er gilt als extensive Wirtschaftsform. Die Selve ist eine Hochstammplantage aus gepfropften Bäumen mit großer Krone bei kurzem Stamm. Sie dient dem Fruchtertrag. Der Niederwald wird im Umtrieb von 10 bis 30 (in Frankreich 40) Jahren bewirtschaftet und ist traditionell mit dem Weinbau verbunden. Das Holz wurde für Weingartenpfähle verwendet oder zu Fassdauben verarbeitet.

Die Edelkastanie ist ausgesprochen wärmeliebend. Obwohl sie als typischer Baum des Mittelmeerraumes gilt, erstreckt sich ihr Verbreitungsgebiet von der Iberischen Halbinsel bis in den Kaukasus. In Europa nimmt die Art insgesamt etwa 2,5 Millionen Hektar ein.[8] Insbesondere ist sie in Italien (~788.000 Hektar) und Frankreich (~750.000 Hektar) vertreten. Größere Vorkommen gibt es außerdem in Spanien, Portugal und in der Schweiz. Mit etwa 10.800 Hektar bildet sie selbst in Großbritannien Edelkastanienwälder von nennenswerter Größe.

In Deutschlands Wäldern kommt die Edelkastanie vor allem in den Weinbaugebieten der Pfalz und an den Flüssen Nahe, Saar und Mosel vor. Im Schwarzwald, an den Westhängen des Odenwaldes und am Untermain im Taunus ist sie ebenfalls verbreitet. Darüber hinaus kommt die Edelkastanie verstreut und in Einzelbeständen in ganz Deutschland vor. Trotzdem ist ihr Anteil an der Baumartenzusammensetzung mit etwa 7.500 Hektar eher gering. Auch die forstbauliche Bedeutung der Edelkastanie ist niedrig. Potenziell könnte die Edelkastanie jedoch die Klimatoleranz und -resilienz von Buchen und Eichenmischbeständen erhöhen.[9, 10] Es ist zu erwarten, dass ihre Eignung als Forstpflanze in Deutschland unter den veränderten und prognostizierten künftigen Klimaveränderungen in Zukunft zunehmen wird.[11] In Hessen gründete sich 2005 die Interessensgemeinschaft (IG) Edelkastanie,[12] um »ein Forum für den Erfahrungsaustausch auf forstlicher, obstbaulicher und kulturwissenschaftlicher Ebene« zu geben. Dabei geht es insbesondere um die Mehrung des waldbaulichen Wissens in Bezug auf Bewirtschaftungsformen, Genetik, Pathologie und Verwendung des Holzes. Die »Kastanienfreunde« tauschen sich bei jährlichen Treffen aus.

Die Auswirkungen der »nicht-heimischen« Edelkastanie auf das Ökosystem werden als positiv bewertet: Der Baum gilt als Bienenweide, und viele Insekten profitieren von der langen und intensiven Blüte. Die glatte Spiegelrinde in der Jugend wandelt sich mit zunehmendem Alter zu einer ausgeprägt grobborkigen Rinde, die hervorragende Kleinstrukturen für die Besiedlung durch Algen, Moose, Flechten sowie einer Vielzahl von Insektenarten bildet. Höhlen des Buntspechts *(Dendrocopos major)* finden sich sogar schon in einem geringen Durchmesserbereich von circa 20 Zentimetern in der Nähe von Astnarben. Mit zunehmendem Alter kommen weitere ökologisch wertvolle Biotopholzstrukturen hinzu. Im hohen Alter neigt die Edelkastanie zur Höhlenbildung, wodurch wertvolle Habitate für Höhlenbewohner wie Eremit (*Osmoderma eremita*, Rosenkäfer) oder Wildkatze entstehen. Fast alle alten Edelkastanien haben einen mehr oder weniger hohlen Stamm. Der Abbau des Kernholzes wird durch Pilze verursacht, die nach Verletzungen an Rinde und Wurzeln eindringen. Außerdem ernähren sich zahlreiche Säugetiere von den Früchten. Bestände alter Edelkastanien sind naturschutzfachlich genauso wertvoll wie alte Eichenbestände.[13]

In Mitteleuropa können Edelkastanien ein Alter von 500 bis 600 Jahre erreichen, in West- und Südeuropa sogar bis 1.000 Jahre. Bei idealem Standort erreichen sie eine Höhe von 35 Metern. Der Stammumfang kann bis zwei Meter bei geradem Schaft betragen. Die weit ausladende, rundliche Krone setzt oft sehr tief an. Insgesamt gleicht der Habitus den Eichen. Die Wurzeln sind weit verzweigt und tiefreichend.

Freilich werden die Bäume im Holzwirtschaftswald viel früher aus dem Bestand genommen, lange bevor sie ihre ökologischen Nischen voll besetzen können. Waldbaulich erfolgt die Etablierung zumeist durch Pflanzungen im Weitverband (2 × 3 Meter oder 3 × 3 Meter). Auf Pflanzenmaterial der Alpensüdseite sollte verzichtet werden, um die Gefahr einer Einschleppung neuer Kastanienrindenkrebsstämme zu reduzieren. Eine Saat kann ebenfalls erfolgreich sein, wenn eine Zäunung gegen Schwarzwild erfolgt. Saatgut hat den Vorteil, dass es frei von Pilzbefall ist, da mit dem Waschen der Früchte die Sporen beseitigt werden. Allerdings gibt es bisher nur wenige Quellen, von denen herkunftssicheres Saatgut bezogen werden kann.[14] Verbreitet ist außerdem die Verjüngung über Stockausschläge. Bestehende Bestände verjüngen sich ohne große Schwierigkeiten, und das schnelle Jugendwachstum verhindert einen zu starken Rehwildverbiss, sodass auf Schutzmaßnahmen wie Zäunung in der Regel verzichtet werden kann. Beim Fällen ist darauf zu achten, dass die Schnitte möglichst bodennah geführt werden. Ansonsten besteht die Gefahr, dass bei den alten Stöcken Fäule auftritt, welche die neue Generation destabilisieren kann.

Im Reinbestand werden die besten Wuchsleistungen erzielt. Der Höhenzuwachs ist besonders in der Jugendphase sehr hoch.[15] Eine Mischung mit Buche und Winterlinde sowie Esche und Bergahorn sollte vermieden werden. Mischungen mit Kirsche und Birke im Hauptbestand sind aufgrund des ähnlichen Wachstumsverlaufes und Umtriebszeit wahrscheinlich gut möglich. Auch eine Zeitmischung mit Stiel- und Traubeneiche im Endabstand von elf bis zwölf Metern und dazwischen Edelkastanie im halben Eichenendabstand von 7,5 bis acht Metern wird empfohlen.[16]

Kalkhaltige und staunasse Standorte sollten vermieden werden. Am besten geeignet sind Böden kristallinen Ursprung mit sauren pH-Werten, der Idealbereich liegt zwischen 5,5 und 6. Böden vulkanischen Ursprungs ohne Kalksteingehalt eignen sich ebenfalls für eine Pflanzung. Tiefgründige und fruchtbare Böden mit mindestens zwei Prozent Humusgehalt unterstützen die Ausbildung des mächtigen Wurzelkörpers. Das Untergrundgestein sollte mindestens 40 bis 60 Zentimeter tiefer liegen.

Das ringporige Holz hat eine geflammte Zeichnung bei hellem Splint und dunklem Kernholz. Es zählt zu den dauerhaftesten Holzarten Europas und kann nach DIN EN 350-2 auch ohne Schutzmittel dauerhaft im Außenbereich eingesetzt werden.

Holzsteckbrief Edelkastanie (*Castanea sativa*)[17]	
Holzart	Kernholzbaum. Sehr dauerhaftes, hartes, dem Eichenholz ähnliches Holz, das auch unter Wasser Beständigkeit hat. Das Holz ist nicht mit dem der Rosskastanie verwandt, das eher minderwertige Eigenschaften hat.
Besonderheiten	Die stärkehaltigen Nussfrüchte des Baumes machten ihn zur wichtigen Nahrungsgrundlage der Regionen ums Mittelmeer und erst in zweiter Linie als Holzlieferant interessant. Bei hoher Holzfeuchte kann es im Kontakt mit Metall zu Korrosion (Verblauung) kommen.
Eigenschaften	Gute Festigkeits- und Elastizitätseigenschaften, ist ziemlich hart und elastisch. Das feine, manchmal zart geflammte Holz ist im Geruch säuerlich. Sehr witterungsfest.
Verwendungszweck	Oft im Freien eingesetzt. Zäune, Rebenpfähle, Lawinenverbauungen, Schiff- und Wasserbau in der Bauschreinerei als Türrahmen, Schwellen und Fensterrahmen. In der Möbelschreinerei vorwiegend Stühle, aber auch Furniere für die Innenausstattung. Früher hatten auch die Holzkohleerzeugung und die Nutzung als Feuerholz eine große Bedeutung.
Dichte	590–680 kg/m³
Elastizitätsmodul	6.400–9.000 N/mm²
Druckfestigkeit	40–57 N/mm²
Zugfestigkeit	115–142 N/mm²
Scherfestigkeit	8–9,5 N/mm²
Biegezugfestigkeit	64–91 N/mm²
Differentielles Schwindmaß – tangential (% je % Feuchteänderung)	0,23 %
Differentielles Schwindmaß – radial (% je % Feuchteänderung)	0,14 %
Biologische Schadensfaktoren	Wenig anfällig für Pilz- und Insektenbefall

Bei der Esskastanie kann es zur Ringschäle kommen, welche das Holz für die Schnittholzgewinnung entwertet. Früher hatten die Holzkohleerzeugung und die Nutzung als Feuerholz allerdings eine große Bedeutung. Bei einem Brennwert von 2.000 Kilowattstunden pro Raummeter liegt sie nur unwesentlich unter Buche, Eiche, Robinie und Esche, mit einem Wert von 2.100 Kilowattstunden pro Raummeter. Fichte und Tanne liegen bei 1.400 Kilowattstunden pro Raummeter.[18]

Heute werden weltweit mehr als zwei Millionen Tonnen Kastanien pro Jahr produziert. Mit rund 1,6 Millionen Tonnen hat China den mit Abstand größten Anteil am Produktionsvolumen.[19] Vornehmlich wird die chinesische Kastanie *(Castanea mollissima)* angebaut, sie ist noch vor der verwandten europäischen Edelkastanie die wirtschaftlich wichtigste Kastanienart.[20]

In der Schweiz war die Kastanienproduktion bis 1914 bedeutend. Auch wenn die Kastanienhaine bis heute größtenteils verschwunden sind, liegt der größte Edelkastanienwald Europas noch immer in der Schweiz, im Bündner Südtal Val Bregaglia.[21]

Die Edelkastanie blüht im Juni nach der Laubbildung. Die frühe Blüte sorgt für eine recht zuverlässige, jährliche Ernte. Die Ertragsmenge kann jedoch durch Kälte oder Nässe während der Blühphase verringert werden. Eine optimale Befruchtung durch Pollen kann bei Temperaturen zwischen 27 und 30 Grad Celsius erwartet werden. Männliche und weibliche Blüten sind getrennt ausgebildet (einhäusig getrenntgeschlechtlich). Die männlichen Blüten sind zu Knäueln vereinigte, grünlich-gelbe, 10 bis 20 Zentimeter lange, ungebrochene Kätzchen. Sie öffnen sich sieben oder zehn Tage vor den weiblichen Blüten, abhängig von der Sorte.[22]

Die unscheinbaren weiblichen Blüten stehen einzeln, zu zweit oder zu dritt am Grund der männlichen Scheinähren, sie sind von einer grünen Fruchthülle (Capula) dicht umschlossen. Durch die unterschiedlichen Blühzeiten der männlichen und weiblichen Blüten wird eine Selbstbestäubung verhindert. Die Fremdbestäubung führt dazu, dass jeder neue Kastanienbaum vom Mutterbaum verschieden ist. Genetisch gesehen ist also jede aus einem Samen gezogene Kastanie eine neue, eigene Sorte. Bei vielen kultivierten Sorten sind die männlichen Blüten steril, das heißt sie bilden keinen funktionsfähigen Pollen. In diesen Fällen muss eine pollenspendende andere Sorte in der Nähe gepflanzt werden, um einen Fruchtertrag zu erhalten.

Die Art der Bestäubung ist in der Literatur umstritten. Für eine Insektenbestäubung sprechen die Bildung von Nektar, der klebrige Pollen, die steifen, aber weichen Staubblätter und der starke Geruch der Kätzchen. Es wurden Bienen und etwa 134 weitere Insektenarten beobachtet, diese flogen jedoch fast ausschließlich männliche Blüten an.

Für eine Windbestäubung wäre die Pollendichte nur innerhalb von 20 bis 30 Kilometern ausreichend. Die Edelkastanie kann als eine sich im Übergangsstadium von Insekten- zu Windbestäubung befindliche Art beschrieben werden. Demnach erfolgt die Insektenbestäubung primär bei feuchter Witterung, wenn der Pollen klebriger ist.[23]

Die Kastanienfrucht besteht aus einem Embryo und den gefalteten Keimblättern. Die meist drei braunen Kastanienfrüchte sind von einer stacheligen, zunächst grünen, später braunen Fruchthülle umschlossen, die in der Reifezeit vierlappig aufspringt. Bei natürlichen Edelkastanienbeständen in nordeuropäischen Regionen wie England, Norddeutschland oder dem südlichen Skandinavien kommt es nur in ausgesprochen sonnigen Jahren zu einer Fruchtbildung und zur vollständigen Fruchtreife. Meist reifen die Früchte über eine längere Zeitspanne verteilt, sodass oftmals über mehrere Wochen geerntet werden kann. Im Freistand fruktifizieren Edelkastanien erstmals im Alter von 20 bis 30 Jahren, im Waldbestand mit 40 bis 60 Jahren. Alle zwei bis drei Jahre ist mit einer Vollmast zu rechnen. Baumerträge von 30 bis 50 Kilogramm können erzielt werden, bei freistehenden Bäumen sogar bis zu 100 Kilogramm.[24]

Die Frucht stellt eine kalorienreiche, vitaminhaltige Dauernahrung für die Wintermonate dar. Hildegard von Bingen (1098–1179) hält in ihrer *Physica* fest: »Nur wenige Speisen sind ganz rein und gut für den Menschen. Dazu gehören Dinkel, Fenchel und die Edelkastanie«.

Edelkastanien können roh oder geröstet verzehrt werden. Um die rohen Kastanien zu schälen, werden sie zunächst mit einem kurzen Messer eingeschnitten und für drei bis vier Minuten in kochendes Wasser getaucht. Danach kann man sie schälen. Die innere Fruchthülle lässt sich mithilfe eines groben Tuches entfernen. Reife Früchte sollten so schnell wie möglich verwertet werden, damit sie nicht verderben. Wenn sie reif sind, bestehen sie zu 50 Prozent aus Wasser. Getrocknete Edelkastanien kann man leicht schälen, sie lassen sich sowohl geschält als auch ungeschält mehrere Jahre lagern.

Kastanien lassen sich auf vielfältige Weise verarbeiten. Besonders Maronen großfruchtiger Kultursorten können leicht zu Mehl verarbeitet werden. Dazu werden die Kastanien zuerst gut getrocknet, bevor sie gemahlen werden. Edelkastanienmehl kann verwendet werden, um Polenta, Porridge, Fladenbrote, Kastanienbrote, Kuchen, Kekse, Krapfen, Nudeln oder Suppen herzustellen. Kastanienmehl hat allerdings kaum Bindefähigkeit. Um die Klebeeigenschaften zu verbessern, wird Edelkastanienmehl oft mit Weizenmehl gemischt.

Der Gehalt an Kohlenhydraten (Zucker bis zu 16 Prozent, Stärke bis zu 43 Prozent) ähnelt dem von Reis oder Weizen, weshalb man die Edelkastanie auch als »Baumgetreide« oder »Brotbaum« bezeichnet. Anders als für die meisten Nüsse üblich, enthalten Edelkastanien wenig Fett (bis zu fünf Prozent) und ähneln auch in diesem Aspekt eher dem Getreide. Die Früchte enthalten außerdem Eiweiß (bis zu sechs Prozent), Vitamine (vor allem Vitamin C, mit bis zu 40 Milligramm pro 100 Gramm Frischgewicht) und Mineralstoffe (vor allem Kalium, Magnesium, Mangan und Kupfer). Edelkastanien lassen den Blutzuckerspiegel nur langsam ansteigen und sättigen rasch. Sie sind leicht verdaulich, basisch, mineralstoffreich und glutenfrei.[25]

Edelkastanien haben bereits roh einen hohen Zuckergehalt. Durch Erhitzen wird ein Teil der Stärke zusätzlich verzuckert, und Backwerk besitzt auch ohne die Zugabe von weiteren Süßungsmitteln eine milde süße. Es gibt zahlreiche Beispiele für Süßspeisen aus Edelkastanien.

Um Kastanienbier zu brauen, wird dem Malz bis zu einem Drittel grobes Kastanienmehl beigemischt. Auch als Kaffeeersatz wurden Edelkastanien verwendet. Schnäpse können auch aus Kastanien gebrannt werden, und für die Likörherstellung finden neben den Kastanien auch die Blüten Verwendung. Außerdem können die Blüten für Sirup oder Gelee genutzt werden.

Weitere Nebenprodukte sind der sehr hochwertige, dunkle Honig, aber auch als Mykorrhiza mit der Edelkastanie vergesellschaftete Speisepilze.

Für Pflanzungen im Wirtschaftswald konzentriert sich das VifaGe®-Konzept auf die europäische *(Castanea sativa)*, die chinesische *(C. mollissima)* die japanische *(C. crenata)* und die amerikanische *(C. dentata)* Kastanie.

Europäische Edelkastanie (*Castanea sativa*)

Die europäische Edelkastanie ist die einzige in Europa natürlich vorkommende Art und erreicht eine Höhe von bis zu 25 Metern. Der Baum weist eine hohe Regenerationskraft auf und bildet oft Stockausschläge aus. Die Dicke der Borke schützt ältere Bäume sehr gut vor Verletzungen.

Durch das herzförmige, stark verzweigte Wurzelsystem ist der Baum kaum anfällig für Windwurf. Die europäische Edelkastanie kann eingesetzt werden, um steile Hangböden zu stabilisieren. Sie kommt auch noch in nördlichen Regionen wie Großbritannien, Dänemark und Schweden vor. In Deutschland wurde die Europäische Edelkastanie zum Baum des Jahres 2018 gewählt.

Amerikanische Edelkastanie (*Castanea dentata*)

Beheimatet ist die amerikanische Edelkastanie in den USA und Kanada, wo sie in großer Zahl dem Kastanienrindenkrebs zum Opfer fiel. Züchtungen mit chinesischer und japanischer Edelkastanie sollen zur Erholung der Bestände beitragen.

Die amerikanische Edelkastanie wird bis zu 35 Meter hoch und ist vor allem für die forstliche Nutzung interessant. Die Früchte sind etwas kleiner als bei der europäischen Edelkastanie, haben jedoch einen guten Geschmack.

Chinesische Edelkastanie (*Castanea mollissima*)

Die chinesische Edelkastanie wird etwa 20 Meter hoch und kann eine sehr breite Krone entwickeln. Sie ist die widerstandsfähigste Art gegenüber dem Kastanienrindenkrebs und weniger anfällig für Winterfrostschäden als die japanische Edelkastanie. Ihre Fürchte sind rundlich und feiner in der Textur. Sie gelten als eher wohlschmeckend, der Geschmack ist jedoch nicht vergleichbar mit der europäischen Art.

Japanische Edelkastanie (*Castanea crenata*)

Die japanische Edelkastanie ist langsam wachsend und erreicht mit etwa zehn bis 17 Metern nur eine niedrige Stammhöhe. Der Baum ist sehr frostempfindlich, und die Fruchtgröße hängt stark von der Wasserverfügbarkeit ab. Die Früchte sind eher grobkörnig und nicht besonders aromatisch. Die japanische Edelkastanie weist jedoch eine hohe Widerstandsfähigkeit gegen die Tintenkrankheit auf und ist nur im geringen Maße anfällig gegenüber dem Kastanienrindenkrebs.

Die Edelkastanie ist nicht verwandt mit der Rosskastanie (*Aesculus hippocastanum* L.). Obwohl sich beide hinsichtlich der Früchte ähneln, unterscheiden sie sich wesentlich im Laub und in der Blüte, sowie in den Verwendungsmöglichkeiten der Früchte.

Eichen (*Quercus*)

Die Gattung der Eichen (*Quercus*) gehört zur Familie der Buchengewächse (Fagaceae) und umfasst – je nach Rechnung – bis zu 600 Arten. Sie sind fast in der ganzen Welt verbreitet, besonders zahlreich jedoch in den nördlichen Regionen Amerikas und Europas, wobei Nordamerika den Schwerpunkt der Artenvielfalt bildet. *Quercus* ist die wichtigste Laubbaumgattung der Nordhalbkugel. Die einzigen Kontinente, in denen die Eiche nicht vertreten ist, sind Australien und die Antarktis. In Deutschland nehmen Eichen etwa zehn Prozent der Waldfläche ein und gelten damit nach der Rotbuche (15 Prozent) als zweithäufigste Laubbaumgattung.[26, 27]

Der Bestand setzt sich vorwiegend aus zwei Eichenarten zusammen: der Stieleiche (*Quercus robur*, auch Deutsche Eiche)[28] und der Traubeneiche (*Quercus petraea*).[29] Während die Stieleiche eher Gebiete mit feuchten und nährstoffreichen Böden (Auwälder oder Feuchtwiesen) bevorzugt, tritt die Traubeneiche stärker in trockeneren Gebieten (Hügellandschaften oder niedrigem Bergland) auf. Trotzdem kommen beide Arten in weiten Bereichen gemeinsam vor, und eine Hybridisierung zwischen den Arten ist nicht selten. Nennenswerte Bestände bildet ansonsten nur die aus Nordamerika eingeführte Roteiche mit einem Waldflächenanteil von 0,5 Prozent. Die Schalen ihrer Früchte zeichnen sich durch eine besondere Dicke und Härte aus und lassen sich besser durch Einsatz eines Nussknackers entfernen.

Im Wirtschaftswald werden Eichen meist schon mit einer Zielstärke von 70 Zentimetern gefällt, also mit etwa 180 Jahren. Dabei handelt es sich vorwiegend um vitale Eichen mittleren Alters, die lange nicht so artenreich sind wie sehr alte Eichen von über 240 Jahren. Letztere sind in Wirtschaftswäldern ausgesprochen rar. In Naturwäldern, die aus der Nutzung genommen wurden, können Eichen ein Alter von 500 Jahren oder mehr erreichen.

Als älteste deutsche Eiche gilt die Femeiche in Raesfeld-Erle bei Nordrhein-Westfalen, eine vollständig ausgehöhlte Stieleiche, deren Alter auf 800 bis 1.500 Jahre geschätzt wird. Das Eichen sehr alt werden können, beweist auch ein Blick in die europäischen Nachbarländer: In Bad Blumau (Oststeiermark) findet sich eine etwa 1.200 Jahre alte Eiche, in Bulgarien (Granit, Bezirk Stara Zagora) soll es eine 1.640-jährige Stieleiche geben, und das Alter einer Königseiche in Dänemark (Jægerspris Nordskov, Halbinsel Hornsherred) wird sogar auf 1.400 bis 2.000 Jahre geschätzt.[30]

Alte Eichenbäume sind wichtige Stabilisatoren für das biologische Netzwerk des Waldes. Fossile Funde in Sedimenten der Niederrheinischen Bucht zeugen davon, dass Eichen hier bereits vor zwölf Millionen Jahren wuchsen. Damit lassen sie sich bis ins Tertiär rückdatieren. Viele andere Arten haben sich über diese Zeiträume an die Eiche angepasst, oder sich gar auf sie spezialisiert. Eichen beherbergen eine ungewöhnliche Vielfalt von Insekten, es werden bis zu 1.000 Arten in einer Krone beschrieben. Bekannt sind 179 Großschmetterlingsarten, über 500 holzbesiedelnde Käfer und etwa 500 weitere Arten.[31] Eichen sind Nahrungshabitat der Raupen von vielen Schmetterlingsarten und werden diesbezüglich in Mitteleuropa nur noch von der Salweide übertroffen. Ihre Nussfrüchte, die Eicheln, dienen vielen Wildtieren wie Eichhörnchen, Baummardern, Wildschweinen oder verschiedenen Vogelarten als Nahrungsquelle. Besonders alte Exemplare bieten Hunderten von Vogel-, Käfer, Schmetterling- und Insektenarten (zum Beispiel Eichelbohrer, Eichenspinner, Eichenwickler, Hirschkäfer, Rote Waldameise) sowie Kleintieren (zum Beispiel Baummarder, Waldkauz) oder Fledermäusen Unterschlupf und Lebensraum.

Eichen gelten als Könige des Waldes, mit ihrer Größe zählen sie zu den imposantesten Bäumen in unseren Breitengraden. Sie stehen für Kraft und Beständigkeit. In verschiedensten Kulturen war die Eiche ein weit verbreitetes Element von Mythen und Sagen. So galt die Eiche im antiken Griechenland als Baum der Bäume und war Zeus, dem Gott des Donners, geweiht. Bei den Römern war die Eiche heilig und dem blitzschleudernden Götterkönig Jupiter geweiht. Auch bei den Kelten wachte der Donnergott Thor über die Eiche. Eichen waren die Bäume der Druiden, und Baumfrevel wurde mit dem Tod bestraft.

Es waren christliche Missionare, die die alten Naturreligionen ausrotten wollten und zu diesem Zweck die alten Heiligtümer, also die alten Eichen, fällten. Die entwurzelten Heiden sollten so zum wahren Glauben geführt werden.

Pierre de Ronsard (1524–1585) schreibt über den Verlust der alten Eichen folgende Worte:

> »Weil du bei Ihm warst in seinen letzten Stunden! ›Höre, Holzfäller, lass deinen Arm ruhen; Es sind nicht Wälder, die du fällst; Siehst du nicht das Blut der Nymphen, die unter der harten Rinde lebten, hervorspritzen? Mörderischer Schänder, wenn man einen Dieb hängt, weil er eine Nichtigkeit gestohlen hat, wieviel Feuer, Eisen, Tode und Verzweiflung verdienst du Böser, der du unsere Göttinnen tötest? […] Lebt wohl, Eichen, Kränze tapferer Männer, Bäume Jupiters aus Keimen von Dodona, die als erste den Menschen Nahrung gaben. Undankbares Volk, das eure Gaben vergessen hat, rohes Volk, das seine Nährväter mordet.‹«[32]

Die robusten Eichen gehören zu den wichtigsten waldbildenden Laubbaumgehölzen. Mit einer Wuchshöhe von bis zu 40 Metern zählen die Stiel- und die Traubeneichen zu den höchsten Laubbäumen Europas. Sie sind Lichtbaumarten, die in der Jugend eine Pfahlwurzel ausbilden, welche in der Folgezeit tief wurzelt und bis in Grundwassernähe heranwachsen kann. Mit zunehmendem Alter entwickelt sich die Pfahlwurzel zu einer Herzwurzel. Zusammen mit Kiefer und Tanne zählen Stiel- und Traubeneichen zu den standfestesten Bäumen. Das Holz der beiden Eichenarten ähnelt sich in Beschaffenheit und Eigenschaften so stark, dass im Handel meist nicht zwischen ihnen differenziert wird.

Schon im Mittelalter war das Eichenholz aufgrund seiner Beständigkeit gegen alle Witterungseinflüsse ein beliebter Werkstoff. Die einst weit ausgedehnten Eichenwälder fielen insbesondere dem Möbel-, Fachwerk- und Schiffsbau, später auch dem Eisenbahnbau zum Opfer. Die gemahlene Rinde der Stieleiche diente in früheren Zeiten zur Herstellung von Gerbsäure oder Lohe zur Lederbearbeitung.

Holzsteckbrief Eiche[33]	
Holzart	Kernholzbaum. Stiel- und Traubeneiche zählen zu den hochwertigsten und wertvollsten Hölzern der Eichenarten. Durch den großen Verbrauch und das langsame Wachstum der Eichen wird das Holz besonders kostbar.
Besonderheiten	Als Eiche können alle Hölzer der artenreichen Gattung *Quercus* aus der Familie der Buchengewächse (Fagaceae) bezeichnet werden; das gängigste stammt von der Stieleiche *(Quercus robur)* und der Traubeneiche *(Quercus petraea)*. Bei hoher Holzfeuchte kann es im Kontakt mit Metall zu Korrosion (Verblauung) kommen.
Eigenschaften	Eichenholz ist hart, zäh, elastisch und sehr dauerhaft. Es kann der Fäulnis, besonders unter Wasser, über Jahrhunderte bis Jahrtausende widerstehen. Mittlere bis hohe Biegefestigkeit, druckfest und hoch verformbar.
Verwendungszweck	Im Holzbau, in der Möbelherstellung, als Drechslerware, in der Schnitzerei und im Orgelbau. Herstellung von landwirtschaftlichen Geräten. Der gute Brennwert von Eichenholz spielte in der Industrialisierung und der Entwicklung etlicher Materialien (wie Glasherstellung, Metallurgie) eine wichtige Rolle: Als Brennholz, als Grundlage für Holzkohle, als Stützholz in Minen, im Brücken- und Wagenbau. Stieleichenholz wird daneben im Schiff- und Wasserbau verwendet. Zudem ist es als Daubenholz von kultureller Bedeutung.
Dichte	430–960 kg/m³
Elastizitätsmodul	10.000–13.200 N/mm²
Druckfestigkeit	54–70 N/mm²
Zugfestigkeit	50–180 N/mm²
Scherfestigkeit	6–13 N/mm²
Biegezugfestigkeit	74–117 N/mm²
Härte nach Brinell – längs	50–66 N/mm²
Härte nach Brinell – quer	25–34 N/mm²
Differentielles Schwindmaß – tangential (% je % Feuchteänderung)	0,31 %
Differentielles Schwindmaß – radial (% je % Feuchteänderung)	0,16 %
Biologische Schadensfaktoren	wenig anfällig

Eichen wachsen eher langsam und blühen erst nach etwa 15 bis 25 Jahren das erste Mal. Die männlichen Blüten sind zu hängenden Kätzchen zusammengefasst, während die rötlichen weiblichen Blüten auf langen, behaarten Stielen sitzen. Eine Bestäubung erfolgt durch den Wind. Eichen erkennt man deutlich an ihren Früchten, den Eicheln, die früher auch Ecker genannt wurden. Sie reifen im ersten oder zweiten Jahr nach der Bestäubung. Eicheln sind Nussfrüchte, von denen jede einzelne von einem Fruchtbecher umgeben ist. Waldfrüchte tragen nicht jedes Jahr gleich viele Nüsse. In sogenannten Mastjahren reifen besonders viele Früchte auf einmal heran. Bei den meisten Eichen Arten treten Mastjahre alle zwei bis drei Jahre auf, insbesondere in warmen und trockenen Sommern.

Menschen haben Eicheln bereits in der Steinzeit für den Wintervorrat gesammelt, und sie sind auch heute noch Bestandteil der Ernährung der amerikanischen Ureinwohner.

Ein vormenschlicher Fund in Israel belegt sogar, dass offensichtlich auch schon die Vorfahren des Menschen Eicheln für ihre Ernährung nutzten: Es wurden 780.000 Jahre alte Überreste von Pistazien, Mandeln, Eicheln und anderen Nüssen ausgegraben – inklusive der Steine zum Nussknacken.

In mediterranen Gebieten bildete die Eiche vor der Neolithisierung wohl die wichtigste Nahrungsquelle, vergleichbar etwa mit der Haselnuss in Mitteleuropa.[34] Die im Mittelmeerraum am häufigsten vorkommende Eichenart ist die Steineiche. Ihre Früchte enthalten nur wenige Bitterstoffe, und einige Bäume bringen sogar gänzlich bitterstofffreie, süße Eicheln hervor. Noch im 17. Jahrhundert berichtet Cervantes' Don Quijote von »den heiligen Jahrhunderten« vor dem Ackerbau, in denen der Mensch »seine Speise von den starken Eichen brach, die freigebig mit ihrer süßen und reifen Frucht zum Mahl einluden«.[35] Die in Deutschland heimischen Stiel- und Traubeneichen enthalten hingegen einen hohen Anteil an Gerbstoffen, wodurch sie roh nicht ohne weiteres verwertbar sind. Um sie dennoch kulinarisch nutzen zu können, müssen die Gerbstoffe erst ausgewaschen werden, was einen recht hohen Aufwand bei entsprechendem Wasserverbrauch bedeuten kann.

Ein wichtiges Werk über die Verarbeitungstechniken der Eicheln inklusive vieler Rezepte stammt aus der Zeit des Hungerwinters 1945/46. Autorin ist Erika Lüders, die dank der Verwendung von Eicheln ihre Familie in Zeiten der Knappheit und der Not ernähren konnte:

»Eines Tages, im Herbst 1945, warf mir der Wind eine Handvoll Eicheln vor die Füße, und da kam mir der rettende Gedanke …

In Zukunft brauchte ich keinen mehr zu bitten und keinem zu danken, die Eicheln halfen uns über den Winter hinweg! Der sonst vielleicht sehr bitter geworden wäre, weil wir keinerlei Vorräte mehr hatten. Ich weiß nicht, ob schon die Alten alle guten Eigenschaften der Eichel gekannt haben. Es mag ja auch sein, daß [sic] sie in anderen Ländern der Erde längst beliebt geworden ist und in der Küche verwendet wird. Soviel aber steht fest: für uns habe ich die Eichel ›entdeckt‹. Und ihre Verwendbarkeit einen langen Winter über nach allen Seiten ausprobiert!

Jetzt will ich die guten Erfahrungen, die ich mit dem Eichelmehl gemacht habe, weitergeben. An alle, die sich selber helfen wollen. Insbesondere aber möchte ich sie denjenigen empfehlen, welche mehr Zeit haben als andere, weil sie aus irgendeinem Grunde in die allgemeine Arbeit noch nicht eingeschaltet werden konnten – an die Empfänger der Lebensmittelkarte V.

Ihnen widme ich mein kleines Eichelkochbuch.«[36]

Eicheln enthalten sehr unterschiedliche Mengen an Stärke und Fett. Die Früchte der Stieleiche enthalten bis zu neun Prozent Eiweiß, viele Kohlenhydrate (bis zu 35 Prozent Stärke, bis zu zehn Prozent Zucker), Fette (bis zu 30 Prozent Öl) und B-Vitamine. Entbitterte, frische Früchte lassen sich verwenden für Mus, Bratlinge, Suppen, Saucen, Fleischersatz, Nudelteig, Aufstriche, Getränke (Bier, Wein, Likör) oder Essig. Nach dem Entbittern kann man sie auch trocknen und mahlen, um sie für Brot, Gebäck oder als Kaffeeersatz zu nutzen.[37]

Die Früchte aller Eichen sind bei richtiger Verarbeitung essbar. Gesammelt werden die braunen, vom Baum gefallenen Eicheln. Auch Eicheln, die bereits keimen, lassen sich sehr gut verwenden und sind bereits milder im Geschmack. Die Früchte sollten kalt gelagert werden, sie neigen dazu, ranzig zu werden. Frische Eicheln oder Mus kann man einfrieren. Eichelmehl lässt sich ebenfalls recht gut lagern. Durch Trocknen der ganzen Frucht werden sie extrem hart, und man kann sie anschließend nur nach längerer Einweichzeit verarbeiten.[38]

Der Gerbstoffgehalt von Eicheln kann sich von Art zu Art und von Baum zu Baum unterscheiden. Standort und Witterungsverlauf können ebenfalls einen Einfluss auf die Gerbstoffbildung haben. In Überlieferungen werden auch bei uns »süße« Eicheln oder Speiseeicheln erwähnt, die kaum Gerbstoffe enthielten und direkt vom Baum gegessen werden konnten. Es erfolgte jedoch keine gezielte Selektion oder Auslese dieser Arten, trotzdem trifft man zuweilen auch in unseren Wäldern auf solche Bäume. Eicheln nordamerikanischer Arten variieren sehr stark in ihrem Gerbstoffgehalt und enthalten teilweise deutlich weniger Gerbstoffe als die in Deutschland heimischen Arten.

Für das VifaGe®-Konzept eignen sich insbesondere Eichenarten mit geringem bis mittlerem Gerbsäuregehalt in der Frucht.

Eine Auswahl an potenziell möglichen Arten, die sich sowohl für die Holzproduktion als auch für die Ernte eignen könnten, ist in der Tabelle gegeben. Ob sich die jeweiligen Arten hinsichtlich ihrer klimatischen Ansprüche für eine lokale Etablierung eignen, kann auch mithilfe von Karten geprüft werden, die online zur Verfügung stehen und bei denen man nur noch die entsprechende Postleitzahl angeben muss.[39] Die Winterhärte der vorgeschlagenen Eichenarten ist nach dem USDA-System angegeben, ergänzt durch das RHS-System,[40] welches auch Temperaturschwankungen (insbesondere im Frühling und Herbst) berücksichtigt. Zu beachten ist, dass sich trotz Klimawandel die Spät- und Winterfröste in Deutschland wohl kaum verändern werden, was den mediterranen Eichenarten entsprechend zusetzen könnte.

Weltweit betrachtet ist die Biodiversität der Eichen bedroht, und einige Arten sind vom Aussterben bedroht.[41, 42] Um den Artenerhalt zu unterstützen, ist es aus VifaGe®-Sicht sinnvoll, einige Arten nach Möglichkeit auch in Deutschlands Wäldern zu integrieren. Dies gilt vor allem im Hinblick auf den Klimawandel und die damit assoziierte Verschiebung der optimalen Habitate diverser Eichenarten. Im Rahmen des EU-Trees4F wurden unter anderem verschiedene Eichenarten und ihre künftigen, möglichen Verbreitungsgebiete in Europa betrachtet.[43] Während es in süddeutschen Waldlandschaften vielleicht zu trocken und zu warm für die heimischen Stiel- und Traubeneichen werden wird, könnten wärmeliebende, mediterrane Eichen diese womöglich ersetzen oder zumindest ergänzen.

Eichenarten mit geringem Gerbsäuregehalt

Art	Ursprungsland	Größe [m] (im Ursprungsland)	USDA Zone	RHS Rating	Fruchtlänge [mm]	Fruchtbreite [mm]	Besonderheiten
Amerikanische Weiß-Eiche, *Q. alba*	Östliche USA	25–46	4	7	10–30		Bevorzugt trockene Standorte.
Bebb-Eiche, *Q. x bebbiana*	Östliche USA	15	4	7			
Zweifarbige Eiche, *Q. bicolor*	Nordost- und Nordamerika	12–25	4	7	20–30	15–25	Verträgt nasse Böden.
Steineiche, *Q. ilex*	Mittelmeerraum	5–28	7	6	15–30	10–15	Verträgt sehr basische Böden und maritimes Klima. Immergrün.
Unterart der Steineiche, *Q. ilex* var. *ballota*	Nordafrika, Südspanien	10–18	7	6	20–50	10–15	Immergrün.
Bur-Eiche oder Klettenfrüchtige Eiche, *Q. macrocarpa*	Östliche USA	25–30	3	7	25–40	10–30	Verträgt sehr basische Böden und ist trockentolerant.
Q. macrocarpa x muehlenbergii x robur	Hybrid	10–18	6	7	groß		
Mongolische Eiche, *Q. mongolica*	Japan, Sachalin (Nordpazifischer Ozean)	bis 30	3	7	20	12	

Eichenarten mit geringem Gerbsäuregehalt

Art	Ursprungsland	Größe [m] (im Ursprungsland)	USDA Zone	RHS Rating	Fruchtlänge [mm]	Fruchtbreite [mm]	Besonderheiten
Gelbe Eiche, *Q. muehlenbergii*	Östliche USA	20–45	4	7	13–20	12–14	Verträgt sehr basische Böden.
Kastanien-Eiche, *Q. prinus*	Östliche USA	20–30	5	7	25–40	15–25	Mäßig trockene über frische, saure bis zu neutrale Böden. Sonnig bis lichtschattig.
Schuette-Eiche, *Q. x schuettes*	Östliche USA	15–21	4	7	groß		

Tabelle basierend auf Martin Crawford in *How to grow your own nuts*.[44] USDA: Zone 3 (–40 bis –34 °C), Zone 4 (–34 bis –29 °C), Zone 5 (–29 bis –23 °C), Zone 6 (–23 bis –18 °C), Zone 7 (–18 bis –12 °C), Zone 9 (–12 bis –7 °C). RHS: H5 (–15 bis –10 °C), H6 (–20 bis –15 °C), H7 (<–20 °C).

Eichenarten mit mittlerem bis hohem Gerbsäuregehalt

Art	Ursprungsland	Größe [m] (im Ursprungsland)	USDA Zone	RHS Rating	Fruchtlänge [mm]	Fruchtbreite [mm]	Besonderheiten
Japanische Kastanien- oder Seidenraupen-Eiche, *Q. acutissima*	Japan, Korea, China	bis 30	5	7	20–25		
Orientalische Weiß-Eiche, *Q. aliena*	Japan, Korea	bis 30	5	7	20–25		In mäßig feuchten Mischwäldern in Höhenlagen von 100 bis 2700 Metern.
Kastanienblättrige Eiche, *Q. castaneifolia*	Kaukasus, Iran	35–40	6	7	20–30	10–15	Standort: mäßig trocken, frische bis feuchte, schwach saure oder neutrale sandige Böden, sonnig. Trockentolerant.
Zerreiche, *Q. cerris*	Zentral- und Südeuropa	bis 35	6	7	30–35		Bevorzugt sommerwarme, nährstoffreiche Böden. Große ökologische Amplitude: über Kalk- sowie über saurem Silikatgestein.
Scharlach-Eiche, *Q. coccinea*	Östliche USA, Südkanada	20–25	4	7	15–25	15–25	Trockene, sandige und saure Böden.

Eichenarten mit mittlerem bis hohem Gerbsäuregehalt

Art	Ursprungsland	Größe [m] (im Ursprungsland)	USDA Zone	RHS Rating	Fruchtlänge [mm]	Fruchtbreite [mm]	Besonderheiten
Ungarische Eiche, *Q. frainetto*	Balkan, Süditalien, Türkei	30	6	7	20–35	10–12	Verträgt sehr basische Böden.
Unterart der Traubeneiche *Q. haas*	Kleinasien		5	7	18–50	18–20	
Hartwiss-Eiche, *Q. hartwissiana*	Kleinasien, Kaukasus	10–35	5	7	18–30	10–15	Frische bis feuchte Böden, tritt natürlich nie im Reinbestand auf.
Q. x heterophylla	Östliche USA, natürliche Hybride	20	5	7	20–30		Feuchtigkeitshaltender Boden, nicht zu kalkreich.
Q. x libanerris	Hybrid		6	7	25–35		Wächst auch auf kargen Böden
Leierblättrige Eiche, *Q. lyrata*	Mittlere und südliche USA	bis 30	5	7	15–25	15–25	An Auen, Flussufern und periodisch überschwemmten Gebieten. Frische bis feuchte, saure bis neutrale, sandig-kiesige Böden. Sonnig.
Q. macroocarpa x robur	Hybrid		6	7	groß		

Eichenarten mit mittlerem bis hohem Gerbsäuregehalt

Art	Ursprungsland	Größe [m] (im Ursprungsland)	USDA Zone	RHS Rating	Fruchtlänge [mm]	Fruchtbreite [mm]	Besonderheiten
Korb-Eiche, *Q. michauxii*	Südöstliche USA	bis 30	6	7	30	20–25	An Auen, Flussufern, auf frischen bis feuchten, sauren bis neutralen, sandig-kiesigen Böden. Sonnig.
Q. pedunculiflora	Kleinasien, Balkan		6	7	20–30	15–20	
Traubeneiche, *Q. petraea*	Europa	25–40	4	7	20–30	15–25	Heimische Art.
Stieleiche, *Q. robur*	Europa	20–40	6	7	15–30		Heimische Art.
Roteiche, *Q. rubra*	Östliches Nordamerika	20–35	3	7	20–30	15–25	Trockentolerant. Gut basen-versorgte, tiefgründige Böden.
Shumard-Eiche, *Q. shumardii*	Südöstliche USA	25–35	5	7	18–30		
Korkeiche, *Q. suber*	Mediterraner Raum	10–25	8	5	20–45	14–18	Trockentolerant, immergrün, geringe Bodenansprüche.

Tabelle basierend auf Martin Crawford in *How to grow your own nuts*.[45] USDA: Zone 3 (–40 bis –34 °C), Zone 4 (–34 bis –29 °C), Zone 5 (–29 bis –23 °C), Zone 6 (–23 bis –18 °C), Zone 7 (–18 bis –12 °C), Zone 9 (–12 bis –7 °C). RHS: H5 (–15 bis –10 °C), H6 (–20 bis –15 °C), H7 (<–20 °C).

Eine Versuchspflanzung mit wärmeliebenden Eichen wurde zum Beispiel im Wissenschaftsgarten der Johann Wolfgang Goethe-Universität in Frankfurt am Main angelegt. Untersucht wird, ob Flaumeiche *(Q. pubescens)*,[46] Zerreiche *(Q. cerris)*,[47] Ungarische Eiche *(Q. frainetto)*[48] oder Steineiche *(Q. ilex)*[49] bereits jetzt angepflanzt werden können, um einen sanften waldbaulichen Übergang zu ermöglichen. In jedem Fall scheint es nicht zuletzt im Hinblick auf den Fruchtertrag interessant, Eichenarten vermehrt in waldwissenschaftliche Untersuchungen einzubeziehen.[50]

Eichen tauchten und tauchen bis heute in vielen Märchen und Erzählungen auf. Meine liebsten modernen Märchen sind die Geschichten über Zamonien von Walter Moers, die mindestens so düster sind wie Grimms Märchen. Im Band *Rumo und die Wunder im Dunkeln* kommt der Held auf seiner abenteuerlichen Reise auch in einen Eichenwald. Die Dinge, die er dort erlebt, weben sich so geschickt in unsere eigene Vergangenheit und heutige Realität, dass ich diesen Abschnitt hier zitieren möchte:

> »Der Waldboden war immer stärker von Wurzeln durchwachsen, wohin man blickte, wucherte schwarzes Holz. Auf dem Gipfel des Nurnenwaldes stand der gewaltigste Baum, den Rumo je gesehen hatte. Er dehnte sich mehr in die Breite als in die Höhe, ein hölzernes Ungetüm, mit einem Durchmesser von mindestens hundert Metern, aber nur ein Dutzend Meter hoch.
>
> ›Die Nurnenwaldeiche‹, sagte Rumo. ›Holz genug für tausend Schatullen.‹ Auf der alten Eiche und vor ihr im Gras tummelte sich Waldgetier. Ein Einhörnchen, ein Doppelköpfiges Wollhühnchen und ein Einäugiger Uhu. Ein Rabe. Ein Zamonisches Schmiegehäschen saß direkt vor dem Baum und mümmelte Gras.«

Als Rumo etwas Holz aus der Eiche schneiden will, beginnt diese, mit ihm zu sprechen:

> »›Also, die Sache ist die‹, sprach jetzt der Rabe oben auf dem Ast der Eiche. ›Alle Tiere hier sind sozusagen meine Sprecher, die Sprecher der Nurnenwaldeiche. Ich rede durch die Tiere, weil ich als Baum nicht reden kann. Mein Name ist Yggdra Sil.‹«

Und wenig später berichtet der Baum mittels einer Unke über sein Leben:

»›Zuerst war ich nur ein Baum‹, hub die Unke mit Grabesstimme an. ›Einfach nur wachsen, verstehst du? Hier ein Ast, da ein Ast, ein Jahresring nach dem anderen – was Bäume eben so machen. Keine Gedanken, nur wachsen. Das war die *Unschuldige Zeit*.‹

Die Unke kletterte schwerfällig auf eine dicke schwarze Wurzel.

›Dann kam die *Böse Zeit*‹, fuhr sie fort. ›Rauch lag in der Luft, viele Jahre. Gestank von verbrennendem Fleisch. [...] Viele Schlachten wurden geschlagen, und eine davon fand in diesem Wald statt. Es ging ganz schön zur Sache, das kannst du mir glauben. Hohe Verluste, kein Sieger, nur Niederlagen, auf beiden Seiten. Der Waldboden sog sich voll mit Blut. Dann wurde es still, aber nicht lange. Denn nach der Bösen Zeit kam die *Ungerechte Zeit*.‹

Die Schachunke machte ein beleidigtes Gesicht.

›Ich wurde ein Galgenbaum – was sollte ich machen? Kein Punkt meiner Laufbahn, auf den ich stolz bin, das kannst du mir glauben. Hunderte wurden an meinen Ästen erhängt, ach was, Tausende. Und dann wurde es wirklich still. Das war die *Peinliche Zeit*. Die Leute schämten sich für das, was sie in der Bösen und der Ungerechten Zeit getan hatten, und niemand kam mehr in den Wald. Der Wind schaukelte die Toten in meinen Ästen, bis die morschen Taue brachen und die Leichen auf den Waldboden stürzten. Regen fiel und weichte die Leichen auf, sie vermischten sich mit dem Blut im Erdboden. Daraus entstanden die Nurnen, nehme ich an, aus totem Laub, Blut und Leichen. Denn plötzlich fingen diese Biester an, aus dem Boden zu wachsen und hier herumzulaufen – vorher waren sie jedenfalls noch nicht da. Auch meine Wurzeln tranken dieses Blut, diesen flüssigen Leichenbrei, den Todesdünger, was sollte ich machen? Damals fing ich an zu denken. [...] Denken und wachsen, das war alles, was ich getan habe. Zuerst dachte ich nichts Gutes, nur an Schmerz und Rache, das kam wahrscheinlich von den bösen Gedanken der Gehenkten. Aber wie soll ein Baum sich rächen? Also lenkte ich meine Überlegungen in andere Richtungen. Ich war mit so vielen verschiedenen Gehirnen gedüngt worden, nicht nur von Kriegern, auch von Leuten des Friedens, von Ärzten und Wissenschaftlern, von Dichtern und Philosophen – die haben sie in der Ungerechten Zeit als erstes aufgeknüpft. Ich habe eigentlich schon über alles nachgedacht. [...] Ich wuchs unterirdisch, ließ meine Wurzeln kilometertief ins Erdreich wuchern. […] Meine Wurzeln reichen tief, tief hinab, tiefer als die Wurzeln jedes anderen Baumes. Ich könnte dir sagen, wo es die ertragreichsten Goldadern und Diamantenvorkommen der Gegend gibt. Ich weiß, wo die besten Trüffelpilze wuchern, zentnerweise. Ich weiß, wo märchenhafte Schätze vergraben sind. […] Und meine Wurzeln wachsen immer noch. Weißt du, warum der Nurnenwald auf einem Berg steht? Das sind alles Wurzeln. *Meine* Wurzeln. […] Ich weiß, daß [sic] das Wort Geologie bei den meisten Leuten die gleichen Empfindungen auslöst, wie, sagen wir mal, Teppichknüpfen. Langweilig. Dreck und Steine. Aber die meisten Leute haben ja keine Wurzeln. Sie würden staunen, wie aufregend es ist, seine Fühler durch die verschiedenen Erdschichten nach unten tasten zu lassen, dem Mittelpunkt des Planeten entgegen. Es ist, als blättere man in einem Buch, das die Erde selber geschrieben hat. Voller Geheimnisse! Voller Überraschungen! Voller dunkler Wunder! […] Ich habe Entdeckungen gemacht … unglaublich!‹ […] Das Doppelköpfige Wollhühnchen umflatterte Rumos Kopf und setzte sich auf seine linke Schulter. Der eine Kopf sprach: ›Ja, ja, ich will dich nicht mit geologischen Einzelheiten anöden. Denn das ist alles nichts, verstehst du, gar nichts im Vergleich zu der größten Entdeckung, die ich bei meinen Forschungen da unten gemacht habe.‹

›Denn eines Tages‹ übernahm der zweite Kopf, ›ich hatte meine Wurzeln schon mehrere Kilometer nach unten wachsen lassen, da stießen sie durch eine Decke, durch die Decke eines Hohlraums von gigantischen Ausmaßen. Verstehst du, was das bedeutet?‹

›Nein‹, erwiderte Rumo.

Die Köpfe sprachen jetzt im Chor. ›Es bedeutet, daß [sic] dieser ganze Kontinent nur eine Decke ist. Eine Kuppel, die eine andere, eine tiefere Welt überdacht!‹

›Untenwelt!‹ buhte der Einäugige Uhu im Geäst der Nurnenwaldeiche. ›Untenwelt!‹

Das Doppelköpfige Wollhühnchen zwitscherte erschrocken und flatterte davon.

›Untenwelt!‹ rief der Uhu mit tiefer Stimme noch einmal. ›Merke dir diesen Namen! Wir bewegen uns auf dünnem, zerbrechendem Eis, unter dem eine andere, eine dunkle, eine böse Welt lauert!‹

Der Uhu drehte seinen Kopf ganz nach hinten und wieder zurück. Dann riß [sic] er sein wässriges rotunterlaufenes Auge weit auf und starrte Rumo durchdringend an.

›Ich sage dir: Ich bereue es bis zum heutigen Tag, dass ich meine neugierigen Fühler so weit ausgestreckt habe! Denn ohne dieses Wissen wäre mein Leben unbekümmerter. Seither ist mir, als könne sich jederzeit die Erde unter mir auftun und mich verschlingen.‹

Der Uhu würgte etwas Gewölle aus, entfaltete die Schwingen und flog mit rauschenden Flügelschlägen davon.

Eine laubfarbene Waldschlange ließ sich aus dem Geäst direkt vor Rumos Gesicht herab, sah ihn hypnotisch an und lispelte: ›Das war meine Geschichte, und meine Geschichte ist meine Botschaft. Wenn du willst, kannst du dir jetzt ein Stück Holz absägen. Ich bin völlig überholzt.‹«[51]

Kapitel 9
Birkengewächse (Betulaceae)

Die Familie der Birkengewächse besteht aus sechs Gattungen: den Haseln (*Corylus*), Birken *(Betula)*, Erlen *(Alnus)*, Hainbuchen *(Carpinus)*, Hopfenbuchen *(Ostrya)* und Scheinhopfenbuchen *(Ostryopsis)*.

Die Haseln sind jedoch die einzige Gattung der Birkengewächse, deren Vertreter große Samen ausbilden, die effizient vom Menschen als Nahrungsmittel genutzt werden können. Sowohl die Strauch- als auch die Baumarten lassen sich gut in das VifaGe® Konzept »Essbare Wälder« einbinden.

Haseln (*Corylus*)

Die Gattung der Haseln *(Corylus)* gehört zu den Birkengewächsen (Betulaceae) und ist über die ganze Nordhalbkugel verbreitet. Ihr Verbreitungsgebiet zieht sich von Europa über Klein- und Ostasien sowie das östliche und westliche Nordamerika. Die Bestände verteilen sich oftmals auf voneinander getrennte (disjunkte) Teilareale. Je nach »Rechnung« und Artabgrenzung, gibt es zwischen neun und 20 Haselarten. Das Zentrum ihrer Biodiversität liegt in Asien: allein in China gibt es acht Haselarten.[1]

Haseln entwickelten sich im Paläozän. Durch das Aussterben der Dinosaurier und vieler anderer Arten entstanden Räume für neue Arten. In den USA wurden den heutigen Haseln ähnliche, versteinerte Blätter gefunden, mit einem Alter von etwa 60 Millionen Jahren. Sie lassen sich jedoch nicht eindeutig der Gattung zuordnen, und man vermutet die Entstehung der Haseln eher im östlichen Asien.

Voraussetzung für die Entwicklung großfruchtiger Arten war die parallele Entwicklung von Tierarten, die die Nüsse nutzten und somit zu ihrer Verbreitung beitrugen. Jonas Frei schreibt 2023 in *Die Haselnuss: Arten, Botanik, Geschichte, Kultur:*

> »Und so ist es typisch, dass auch bei den Birkengewächsen die ältesten Arten kleinsamig waren und mit Wasser und Wind verbreitet werden konnten.

Denn das jährliche Entwickeln großkerniger Nüsse ist ein Energieaufwand, der sich für eine Pflanze lohnen muss, damit er sich durchsetzt. Eine Birke kann mit dem gleichen Aufwand Millionen flugfähiger Samen produzieren, mit dem eine Hasel ein paar Hundert Nüsse liefert.

Und darum ist es wahrscheinlich, dass sich die Haseln ähnlich wie die Walnüsse und Hickorys koevolutiv mit Nagern entwickelt haben. Die Haseln sind auch heute noch davon abhängig, dass Eichhörnchen, Mäuse oder Bilche die Nüsse sammeln und in Winterverstecken verteilen. [...] Die Nager gehörten zu den wenigen Säugetiergruppen, die wohl schon in der späten Kreidezeit die Erde besiedelten, als die Dinosaurier noch auf der Erde weilten. Nach dem K/T-Ereignis [Meteoriteneinschlag] begannen sie, sich im Paläozän zu diversifizieren, was durch versteinerte Knochenreste belegt ist. Ihre Entwicklung wurde zur Basis für die Verbreitung der nusstragenden Gehölze.«[2]

Haseln sind an tiefe Temperaturen gewöhnt. Erst vor fünf Millionen Jahren, als sich das Klima langsam abkühlte und die Eiszeiten näher rückten, treten Haseln auch in Mitteleuropa gehäufter auf. Anders als zum Beispiel die Walnussgewächse, die während den Eiszeiten ausstarben, konnte sich die Hasel in der Region halten und Europa nach den Kaltzeiten wieder besiedeln. Zunächst profitierte sie von der baumlos gewordenen Landschaft und breitete sich in den neu entstehenden, weitläufigen und lichten Wäldern aus. Erst später folgten die größeren Laubbäume wie Eichen, Ulmen und Linden und verdunkelten die Bestände, womit die Haselnuss zurückgedrängt wurde.

Fundstätten von Haselsträuchern decken sich über weite Areale mit Fundstätten menschlicher Siedlungen. Jonas Frei schreibt:

»Als die Hasel nördlich der Alpen für die modernen Menschen Bedeutung gewann, im Mesolithikum, waren die Neandertaler längst verschwunden. Der moderne Mensch war in Europa noch nicht über längere Zeit sesshaft. Das Mesolithikum, die Mittelsteinzeit, fällt ins Präboreal und Boreal und damit in den Beginn der ›Hasel-Zeit‹ (circa 8500 bis 700 v. Chr.). Mit der klimatischen Erwärmung gewannen Haselbüsche eine prägende Funktion in der europäischen Landschaft, bildeten flächendeckende Gebüsche und ganze niedrige Wälder. Belegt ist die ›Haselzeit‹ bis ins Atlantikum durch die große Zahl an Haselnusspollen im Torf der Hochmoore. Haselnüsse wurden dann auch zu

> einem wichtigen Sammelgut für die mitteleuropäischen Clans des frühen mittelsteinzeitlichen *Homo sapiens*, zumal die Wilddichte in den zunehmend bewaldeten Gebieten nun stark abnahm. Besonders eindrucksvolle Belege für eine frühe Hasel-Kultur bieten die Grabstätten im Duvenseer Moor in der Nähe von Hamburg in Deutschland.«[3]

Haselnüsse haben bereits in der mittelsteinzeitlichen Nahrungsversorgung eine große Rolle gespielt. Dies ist unter anderem belegt durch den Fundort am heute verlandeten Duvensee in Schleswig-Holstein, an dessen Seeufern über 2.300 Jahre hinweg saisonal bewohnte Siedlungsplätze gefunden wurden. Diese Wohnstätte diente in erster Linie dem Sammeln, Knacken, Haltbarmachen und Weiterverarbeiten von Haselnüssen. Neben den Werkzeugen zum Knacken der Nüsse wurden komplexe Röststätten gefunden. Durch das Knacken und Rösten der Nüsse konnte ihr Transportgewicht reduziert werden. Außerdem wurden die Nüsse vor Ort wohl zu Pasten, Mehl, oder Öl verarbeitet. Noch im Mittelalter deckte Haselnussöl zusammen mit Bucheckernöl die Hälfte des Ölbedarfs.[4]

Die Fundstellen liefern auch Hinweise darauf, dass sich die Ernährungsweise der Menschen von einer stark karnivor geprägten Altsteinzeit wandelte, hin zu einer mehrheitlich vegetarischen Nahrung in der Jungsteinzeit.

Obwohl die Hasel mit der Rückkehr der dominanten Schattenbaumarten zunehmend von den besten Standorten verdrängt wurde, konnte sie sich an Hängen, Bächen und lichten Stellen im Wald halten.

Bereits in der Antike ist die Haselnusskultur in Südeuropa bekannt. Eine Kultivierung der Nutzpflanzen in Mitteleuropa, insbesondere nördlich der Alpen, hat sich jedoch bis heute nicht durchgesetzt. Das älteste erhaltene Rezept für ein nougatähnliches Haselnussdessert mit Honig findet sich im *De re coquinaria* des römischen Feinschmeckers Apicius.

Neben vielen anderen Nussarten ordnete Karl der Große im Jahr 800 nach unserer Zeitrechnung mit der Handelsgüterverordnung *Capitulare de villis vel curtis imperii* auch die Anpflanzung der Hasel an. Die Hasel ist auf der Liste des auf Geheiß des Königs anzubauenden Pflanzen nahezu die einzige heimische Art.[5]

Trotzdem die Haselnuss in den neolithischen und bronzezeitlichen Ufersiedlungen des Alpenraumes zu den wichtigsten Sammelfrüchten überhaupt zählte, wurde sie im ausgehenden Mittelalter kaum kultiviert und blieb weitestgehend eine wildwachsende Frucht, die in Notzeiten von der ärmeren Bevölkerung gesammelt wurde. Weder die Köch*innen der Adelshäuser noch die bürgerlichen Kochbuchautor*innen interessierten sich für die Haselnuss. Stattdessen wurde die von den Römern verbreitete Walnuss verwendet, die später wiederum von den importierten Mandeln ersetzt wurde. Aus Spanien breitete sich die Mandel im Mittelmeer aus (»arabische Nuss«) und dominierte als Zutat zu Marzipan oder dem spanischen Turrón das Zuckerhandwerk in ganz Europa. Bald galten Hasel- und Walnuss nur noch als billiger Ersatz der edlen Mandel. Bis weit in das 20. Jahrhundert hinein beinhalten Rezepte für Süßgebäck fast ausschließlich Mandeln.

Erst ab Mitte des 19. Jahrhunderts interessierten sich die Chocolatiers Norditaliens und der Schweiz vermehrt für die Haselnuss, wodurch die Kultur derselben stärker gefördert wurde. Neben dem Haselnussanbau in Piemont wurde insbesondere der Anbau in der Türkei vorangetrieben. Noch heute liegt das größte Haselnussanbaugebiet der Welt im Pontischen Gebirge entlang der türkischen Schwarzmeerküste. Die Hafenstadt Trabzon ist der wichtigste Umschlagplatz für türkische Haselnüsse. Trotz des Aufstiegs der USA zum Haselnussanbauland blieb die Türkei Marktführer und macht mit rund 765.000 Tonnen pro Jahr etwa 70 bis 75 Prozent der weltweiten Haselproduktion aus.[6]

Im Zweiten Weltkrieg brach der Import von Rohkakao massiv ein, und die italienischen und schweizerischen Hersteller mussten auf andere Zutaten ausweichen: Mandeln und Haselnüsse boten sich an. Aus dieser Not heraus entwickelte Camille Bloch 1942 das Schweizer Schokoladenprodukt »Ragusa«, welches heute noch mit fast identischer Rezeptur hergestellt wird. Gemäß Firmenangaben entwickelte der piemontesische Konditor Pietro Ferrero schon 1940 einen Haselnussaufstrich mit dem Namen »Pasta gianduia«. Dieser eroberte unter seinem heutigen Namen »Nutella« ab 1964 den Weltmarkt, enthält heute jedoch nur noch gerade mal 13 Prozent Haselnüsse.[7]

Haseln sind frühblühende Windbestäuber, die über männliche und weibliche Blütenstände verfügen. Obwohl sie zur Bestäubung nicht auf Insekten angewiesen sind, gelten besonders die männlichen Blüten, die als Kätzchen ausgebildet sind, als wichtiger früher Pollenlieferant für Wildbienen. Der weibliche Blütenstand wird von vielen Einzelblüten gebildet, die innerhalb der Blütenknospenschuppen verbleiben. Jede Blüte schiebt zwei Narbenäste aus der Knospe, die vom männlichen Pollen bestäubt werden. Die Pflanzen können sich nicht selbst befruchten und brauchen eine andere Sorte in der Nähe. Nach der Befruchtung wächst der Fruchtstand heran.[8]

Die Nüsse besitzen einen Nabel (Hilum), der auf der Nuss als klar abgegrenzte Naht und Narbe erkennbar ist. An dieser Stelle war die Nuss mit der Pflanze verwachsen und wurde über durchgehende Gefäße mit Nährstoffen versorgt. Haselnussschalen besitzen eine größere Energiedichte als Holz und eignen sich gut zum Verbrennen. Haselnüsse enthalten große Anteile von Eiweiß, Fett und Kohlenhydraten sowie große Mengen wichtiger Vitamine, Mineralien und Spurenelemente. Der Mensch könnte sich notfalls allein von der Haselnuss ernähren:

> »Bei einem angenommenen Tagesbedarf von 2.500 kcal bräuchte eine Person weniger als drei Tage, um ihren Monatsbedarf (75.000 kcal) zu erwirtschaften, wollte sie sich ausschließlich von Nüssen ernähren. Geht man von einer Erntesaison von 14 Tagen aus, könnte eine Person in dieser Zeit gut 44 Prozent ihres Energiejahresbedarfs allein durch Haselnüsse decken! Die konservative Hochrechnungsweise macht wahrscheinlich, dass die tatsächlich am Duvensee gewonnenen Haselnussmengen sogar noch deutlich höher waren!«[9]

Haseln sind komplett ungiftig. Die Nüsse können roh, geröstet oder als Paste, Mus oder Pulver zubereitet verwendet werden. Man kann sie verwenden für Backwerk, Süßspeisen, Pralinen, Eis, im Müsli, als Beiwerk für herzhafte Gerichte, für Panaden oder zur Herstellung von Nussmilch, Butter und Gewürzmischungen.[10] Außerdem kann man ein hochwertiges Öl aus den Nüssen pressen. Aus den jungen, noch grünen Nüssen lässt sich ein Likör herstellen, oder man legt sie kapernartig ein. Haselnüsse sind sehr gesund und enthalten vor allem fette Öle (bis zu 60 Prozent, mit vielen essenziellen Fettsäuren), Phytosterine, Zucker (fünf bis zehn Prozent), Eiweiß (10 bis 20 Prozent), Vitamine B1, B2 und E, sowie reichlich Mineralstoffe (Calcium, Magnesium, Mangan, Silizium, Phosphor, Kalium) und Spurenelemente.[11] Die Nusskerne stecken in einer dünnen, braunen Haut, die oft recht herb schmeckt. Sie kann durch Rösten entfernt werden, die Nüsse schmecken dann milder und aromatischer.

Auch die Blätter der Haseln sind essbar, man kann sie direkt nutzen für Salate, Mischgemüse, Spinat, Rouladen, zum Einlegen oder zum milchsauer Vergären. Sie können gebacken als Gemüsechips, beigemengt in Bratlingen und Hausbrotmischungen verwendet werden.[12] Denkbar wären sie auch als Aroma für Spirituosen oder Bier. Die Blätter enthalten ätherische Öle, Gerbstoffe, Taraxerol und β-Sitosterin. Früher nutzte man die getrockneten Blätter zur Streckung von Rauchtabakmischungen.

Haselknospen kann man einlegen oder als Bittergemüse verwenden. Aus den Kätzchen samt Blütenstaub lässt sich ein Mehl herstellen, welches frisch oder getrocknet verwendet werden kann. Die Kätzchen kann man auch einlegen, kandieren oder für Chutneys und als Tee verwenden.[13]

Neben Birken und Erlen gelten Haseln zu den häufigsten Auslösern von Allergien, was vor allem auf den vom Wind verbreiteten Pollen zurückzuführen ist. Oftmals sind Menschen, die auf Haselpollen allergisch reagieren, auch gegen die Haselnüsse selbst oder auch andere Nussarten allergisch.

Für Pflanzungen im Wirtschaftswald konzentriert sich das VifaGe®-Konzept auf die Gemeine Hasel *(Corylus avellana)* und die Türkische Baumhasel *(Corylus colurna)*.

In deutschen Wäldern wird die Türkische Baumhasel *(Corylus colurna)* bereits zur Holzgewinnung integriert und gilt als »Klimagehölz«. Regional werden auch die ostasiatischen Baumhaseln forstlich genutzt.

Die kleineren Sträucher der Gemeinen Hasel *(Corylus avellana)* könnten am direkten Rand von Wanderwegen etabliert werden, wo sie als eine Art Bindeglied zwischen Wald und offener Fläche dienen könnten. So könnten sie dazu beitragen, Starkwinde über einen kulissenartig aufgebauten Waldrand abzuleiten, was Sturmschäden reduzieren könnte. Anders als bei einem unmittelbar beginnenden Wald mit Bäumen gleicher Altersklassen und Höhen strömt der Wind nicht direkt in den Bestand, sondern wird durch stufig aufsteigende »Aufgleitränder« zweigeteilt: Ein Teil der Luftmassen strömt in den Wald ein, während der andere Teil über die Baumwipfel hinweggelenkt wird.[14]

Gemeine Hasel (*Corylus avellana*)

Die Gemeine Hasel ist über Europa bis nach Russland und Vorderasien verbreitet, tritt jedoch in sehr unterschiedlichen Erscheinungsformen auf. Man spricht von optisch unterscheidbaren Sippen, die teilweise auch als eigene Art anerkannt sind.

Die Gemeine Hasel wächst als vielstämmiger, aufrechter Strauch mit bis zu acht Metern Höhe und treibt immer wieder aus ihrem Stock, wenn man sie schneidet. Sie erneuert sich durch junge Triebe aus ihrer Wurzelbasis und wurde dadurch im Volksglauben zum Symbol für Unsterblichkeit und Wiederauferstehung. Auch wurde die Gemeine Hasel mit Ewiger Jugend verbunden: anders als etwa bei den Eichen, deren Alter man an den Jahresringen ablesen kann, kann man das Alter eines Haselstrauches aufgrund der sich ständig neubildenden jungen Triebe kaum oder nur schwer bestimmen. Ewig wirkt der Strauch jung und erneuert sich aus der Erde.

Die Hasel hat ein sehr intensiv verzweigtes Wurzelsystem und bildet neben einer Pfahlwurzel starke Seitenwurzeln aus, die nahe der Oberfläche liegen, jedoch nicht sehr weit reichen. Aufgrund der mittleren Wurzellänge von lediglich drei bis vier Metern übt sie kaum negativen Einfluss auf benachbarte Pflanzen aus. Haselholz eignet sich gut für die Holzkohleproduktion, die Blätter und Hüllen können zu Biogas verarbeitet werden.

Mit etwa zehn Jahren tragen die Sträucher das erste Mal Früchte. Die die Nuss umfassenden Hüllblätter sind kürzer bis weniger lang als die Nüsse, die zumeist bei Reife auf den Boden fallen. Die Haselnüsse haben eine außerordentlich lange Kultur in fast all ihren natürlichen Verbreitungsgebieten. Ein Großteil der großfrüchtigen Kultursorten stammt von der europäischen Gemeinen Hasel ab.

Haselnüsse standen, wie viele andere Nüsse auch, symbolisch für Potenz (plattdeutsch wurde der Haselstrauch auch als »Klötenbusch« bezeichnet) und Kindersegen: »Viele Nüsse – viele Kinder«. Deshalb standen viele Geistliche der Haselnuss ablehnend gegenüber.[15] Auch Hildegard von Bingen schreibt: »Der Haselbaum ist ein Sinnbild der Wollust, zu Heilzwecken taugt er kaum.« Trotzdem erwähnt sie den Nutzen der Haselkätzchen zur Behebung der Unfruchtbarkeit des Mannes.

Meistens war die Hasel allerdings weiblich besetzt, »Frau Hasel« oder die »Haselin« tritt oft als Beschützerin vor allerlei Ungemach auf. So sollte man bei Gewittern die Haselsträucher aufsuchen, um sich vor Blitzen zu schützen. Tatsächlich werden Haselbüsche und Baumhaseln nur selten von Blitzen getroffen, was heute jedoch eher auf ihre niedrige Wuchsform zurückgeführt wird.[16]

Haselnüsse gelten als Vogelnist- und Nährgehölze und nehmen eine wichtige ökologische Funktion ein. Die Früchte werden von vielen Vögeln gefressen, darunter Tannen- und Eichelhäher, Rabenkrähe, Turmdohle, Kleiber und Spechte sowie das Haselhuhn. Auch Kleinsäuger ernähren sich von den Nüssen, und einige Arten sind stark spezialisiert auf die Haselnuss als Lebensraum und Nahrungsquelle. Dazu zählen insbesondere viele Nagetiere, darunter Hörnchen oder Mausarten wie Röte-, Wald- und Gelbmaus. Besonders die Haselmaus, eine mit den Sieben- und Gartenschläfern verwandte Bilchart, lebt in enger Abhängigkeit von den Haselsträuchern. Die Tiere bauen ihre kugeligen Nester in den Haselsträuchern, in denen sie leben und von denen sie sich hauptsächlich ernähren. Haselmäuse stehen in den mitteleuropäischen Gebieten auf der roten Liste der gefährdeten Arten.[17]

Daneben leben zahlreiche Wirbellose auf den Pflanzen, insbesondere Insekten und Schmetterlinge. Die wohl bekannteste, auf die Nüsse spezialisierte Insektenart ist der Haselnussbohrer *(Curculio nucum)*, eine Rüsselkäferart, die im Erwerbsanbau als Schädling gilt. Zwei weitere einzigartige Rüsselkäferarten, die sich auf den Haselstrauch und nahe verwandte Birkengewächse spezialisiert haben, sind der Haselblattroller *(Apoderus coryli)* und der Schwarze Birkenblattroller *(Deporaus betulae)*. Auch Raupen und an Blättern fressende Larven findet man an den Haselsträuchern, wie zum Beispiel die Larven der Breitfüßigen Erlenblattwespe *(Nematus septentrionalis)*, und häufig findet man Gallen von der Haselnuss-Knospengallmilbe *(Phytoptus avellanae)*. Als parasitäre Pflanze bevorzugt die Gemeine Schuppenwurz *(Lathraea vulgaris)* die Hasel als Nahrungspflanze.

Türkische Baumhasel (*Corylus colurna*)

Die Türkische Baumhasel ist ursprünglich auf der Balkaninsel, in Griechenland, der Türkei und dem Kaukasus verbreitet. Sie wächst meist als einstämmiger Baum zu einer Höhe von etwa 20 Metern. In ihrem natürlichen Verbreitungsgebiet kommt sie einzeln, in Gruppen und in Horsten vor. Oft ist sie vergesellschaftet mit Buchen-, Hainbuchen-, Ahorn- und Eichenarten. Ihre Fruchtstände sind stark klebrig behaart und stellen eine Falle für kleine Insekten dar. Dadurch ist der Fruchtstand unter anderem vor Blattläusen geschützt.

Die Baumhasel bildet neben einem sehr intensiven und weitreichenden Wurzelsystem eine Pfahlwurzel aus, wodurch sie eine große Standfestigkeit erreicht. Sie eignet sich daher als Windschutz und für die Waldrandgestaltung. Im Gegensatz zu anderen Haselnussarten bildet sie keine Wurzelbrut, da die Wurzeln keine Adventivknospen anlegen. Die Vermehrung erfolgt durch Samen.[18]

Obwohl die Baumhasel ein sehr wertvolles Holz für den Möbelbau liefert, wird das Holz in Europa nicht gehandelt, da keine nutzbaren Bestände mehr vorhanden sind. Nur vereinzelt kommt ein Stamm zum Verkauf.

Ab 1880 wurden in Deutschland vermehrt Versuchsanbauten mit ausländischen Baumarten durchgeführt. Die damals wenig bekannte Baumhasel fand dabei keine Berücksichtigung. Erst in den letzten 20 Jahren wurden

Holzsteckbrief Baumhasel (*Corylus colurna*)[19]	
Holzart	Kernholz, der Kern ist hellrötlich bis lichtbraun, der Splint weißlich.
Besonderheiten	Der lateinische Name *colurna* bedeutet »aus Haselnussholz gemacht«. Das Holz kann samt der Rinde verwendet werden (zum Beispiel für Spielsachen), da diese beim Trocknen nicht abfällt. Da das Holz kaum fault, kann es auch für den Wasserbau verwendet werden. Schwaches oder qualitativ minderwertiges Material eignet sich aufgrund des hohen Brennwertes hervorragend als Brennholz
Eigenschaften	Das Holz ist mittelschwer, mäßig hart, dicht und nicht sehr dauerhaft. Das Erscheinungsbild ist geprägt von schöner Struktur und ausgeprägter Maserung. Baumhaselholz ist gut und leicht zu bearbeiten und zu spalten.
Verwendungszweck	Baumhaselholz war früher ein beliebtes Möbelholz, spielt heute jedoch nur noch im Wiener Möbelbau eine gewisse Rolle. Ansonsten wird das Holz kaum gehandelt. Es eignet sich zum Drechseln und lässt sich sehr gut polieren.
Dichte	600 kg/m³

in Deutschland und Österreich rund 13 Hektar Versuchsflächen angelegt, davon 2,8 Hektar in der Revierförsterei Lich im Forstamt Wettenberg in Hessen.[20] Da es nur wenige erntereife Bestände gibt, lassen sich bisher keine gesicherten Angaben zu Wuchsleistung und Erträgen machen. Trotzdem geben die wenigen Bestände Anlass zu großem Optimismus.[21]

Die Baumart weist eine hohe Toleranz gegen Hitze und Dürre auf. Von einer großflächigen Reinkultur wird eher abgeraten, stattdessen werden Mischungsformen in für Edellauhölzer typischen Verbandsweiten empfohlen. Das Holz weist hervorragende Eigenschaften auf, und die Baumart wurde im Mittelalter durch eine extreme Übernutzung auf dem Balkan fast ausgerottet.[22]

Nüsse der Baumhasel sind wesentlich kleiner als bei der Haselnuss. Sie sind bei der Wildform bis zur Reife fest mit der Hülle verwachsen. Zumeist fällt der ganze Fruchtstand vom Baum. Das Herauspulen aus dem Fruchtstand und das Knacken der kleinen, eher hartschaligen Nüsse ist mühsam.

Kapitel 10

Ginkgogewächse (Ginkgoaceae)

Der Ginkgo *(Ginkgo biloba)* zählt zur Familie der Ginkgogewächse (Ginkgoaceae) und ist der einzige heute noch existierende Vertreter der Ordnung der Ginkgoales in der Familie der Ginkgobaumgewächse (Ginkgoaceae). Obwohl die Verwandten des Ginkgos bereits vor 200 Millionen Jahren in vielen Teilen der Welt vertreten waren, sind heute alle anderen Arten ausgestorben.

Der Ginkgo ist in China heimisch und gilt als älteste heute existierende Baumart der Erde.[1] Dieses »lebende Fossil« wird seit etwa 1730 als Zierbaum in Europa gepflanzt, die fächerförmigen Blätter ähneln keiner anderen heute lebenden Art und zeigen eine wunderschöne gelbe Herbstfärbung. Das in der Pflanzenwelt einzigartige zweigeteilte Blatt und die Zweihäusigkeit des Baumes wurden schon früh mit dem Symbol für Yin und Yang in enge Verbindung gebracht. Das Blatt gilt auch als Symbol für die innere Vereinigung zweier liebender Seelen.

Aufgrund seiner Widerstandsfähigkeit gegen Umweltschadstoffe und Abgase wird der Ginkgo oft als Straßenbaum in Großstädten gepflanzt. Der Baum gilt als resistent gegenüber Feuer. Seine trockene, leichte Rinde schützt das Stamminnere vor Hitze, obwohl die Oberflächentemperatur rasch ansteigt. Nach einem Brand treibt der Ginkgo rasch wieder aus, was ermöglicht wird durch vor dem Feuer geschützte überwallte Sprossknospen an den Stämmen und Ästen sowie unterirdisch wachsende, wurzelartige Triebe. Der Ginko wird gerne als Tempelbaum gepflanzt, so auch in Hiroshima. Die Stadt ging bei der Atombombenexplosion 1945 in Flammen auf, doch schon im selben Jahr trieb der Tempelbaum wieder aus und lebte weiter. Insgesamt haben sechs Ginkobäume überlebt.

Das Holz ist eher unauffällig, weshalb der Baum selten als Holzlieferant angebaut wird. Ihm könnte jedoch aufgrund seiner Trockenheitstoleranz und außergewöhnlichen Immunität gegen Schädlinge künftig auch eine waldbauliche Rolle zukommen. Weil der Ginkgo Insekten abwehrt, bringt er wenig Gewinn für die Ernährung von Vögeln.

An Ästen und Stämmen können sich Auswüchse bilden, die stalaktitenartig nach unten wachsen. In Japan werden diese wurzelartigen Maserzylinder »Chi-Chi« genannt, was »Brust« bedeutet. Sie entstehen in geschädigten und überwallten Sprossknospen und können so lang werden, dass sie den Boden berühren, wo sie sich neu verwurzeln, und neue Stämme treiben.[2]

Holzsteckbrief Ginkgo (*Ginkgo biloba*)[3]	
Holzart	Das Holz zeigt weder Kern noch Harzkanäle oder Tüpfel. Die Holzstrahlen sind von auffallend einfachem, kurzem und einschichtigem Aufbau. Es ist leicht, feinkörnig, glatt und flexibel.
Besonderheiten	Der Ginkgo gilt als älteste heute existierende Baumart der Erde.
Eigenschaften	Ginkgoholz ist feinfaserig, leicht und ziemlich weich. Schlichtes, schwach gewelltes Holz.
Verwendungszweck	Verpackungsmaterial, zum Beispiel für Kisten und Trockenfässer, aber auch als Furnier und Blindholz. Aus dem Holz des weiblichen Baumes werden Skulpturen, Teetabletts, Schachbretter, Figuren, Gebetstafeln und Schneidebretter gefertigt.
Dichte	430–450 kg/m³
Biologische Schadensfaktoren	Ginkgoholz besitzt eine außergewöhnliche Immunität gegen Schädlinge.

Die kugeligen, reifen Früchte der weiblichen Bäume erinnern an gelbe Mirabellen. Obwohl sie aufgrund der Buttersäure im Samenmantel wie ranzige Butter stinken, gelten die Samen des Ginkgobaums in Asien als Delikatesse. Aus botanischer Sicht ist die Ginkgofrucht ein fleischiger Zapfen. Man kann das Fruchtfleisch mit Wasser entfernen, die so freigelegten Nüsse werden zwei bis drei Wochen getrocknet. Danach hat sich der strenge Geruch verflüchtigt, und die Nüsse ähneln nun Pistazien. Die Schalen werden vor dem Verzehr geknackt. In China werden die gerösteten Samen »Pa-Ke-Wo« genannt und sind feierlichen Anlässen vorbehalten.[4]

Kapitel 11

Potenzielle Risiken

Selbstverständlich gibt es auch Risiken bei der Einbringung von Arten in ein bestehendes Ökosystem. Außerdem gibt es ein paar Rahmenbedingungen, die beim Einbringen von Nussbäumen für eine kostenlose Ernte bedacht werden sollten. Auf einige wichtige Aspekte soll im Folgenden kurz eingegangen werden.

Invasive Arten

Beim Einbringen nicht-heimischer Baumarten besteht immer die Gefahr der Invasivität und der damit einhergehenden Verdrängung von heimischen Arten. Aus VifaGe®-Sicht sollte bei dieser Diskussion jedoch bedacht werden, dass die Zahl der Arten, die in den deutschen Wäldern gemeinhin als »heimisch« gelten, erstens, nur eine Momentaufnahme der zufällig in den letzten paar Jahren der Weltgeschichte vorhandenen Arten ist, zweitens, eine durch die aktuellen, geographischen Begebenheiten reduzierte Zahl ist und, drittens, stark durch den Menschen selektiert ist.[1]

Kontinente verändern sich im Wandel der Zeit. Abhängig von Klima und geographischen Bedingungen hat sich die Vegetation über Jahrmillionen angepasst und wurde artenreicher oder -ärmer. Dichte Wälder waren in großen Teilen der gemäßigten Zonen nicht immer der »Normalfall«. Kalt- und Eiszeiten sorgten dafür, dass sich immer wieder Gletscher aus polaren Breiten auch weit nach Süden hin ausbreiteten. Das vor etwa 2,7 Millionen Jahren einsetzende »Eiszeitalter« umfasst eine sehr labile, zwischen Warm- und Kaltperioden wechselnde, etwa 2,5 Millionen Jahre dauernde Periode. Innerhalb dieses Zeitraumes verdrängten regelmäßige Gletschervorstöße die Vegetation im Alpenraum und Nordeuropa komplett.

Einige Baumarten fanden ein Refugium vor allem im Umfeld des Mittelmeeres. Ein begrenzender Faktor für den Rückzug vieler Arten waren jedoch die in Ost-West-Richtung verlaufenden Gebirgszüge, die eine natürliche Grenze bilden und den Rückzugsweg der Waldgesellschaften vor den Eismassen während der Eiszeiten behinderten. Diese Barriere führte in Europa – anders als auf dem nordamerikanischen Kontinent mit Gebirgszügen in Nord-Süd-Richtung – zum Aussterben etlicher Arten. Das betrifft besonders Baumarten mit schweren Früchten wie Eichen oder Nussbäume, die die Reise über die Alpen nicht mit dem Wind oder versteckt im Fell und Gefieder wandernder Tierarten bewältigen konnten. Andere Arten büßten während ihrer Rückwanderung erheblich in ihrer innerartlichen genetischen Diversität ein.

In Ostasien und Nordamerika gab es keine entsprechenden Ausbreitungshindernisse, da sich die Gebirge in Nord-Süd-Richtung erstrecken. So konnten sich viele Gehölzarten nach Kälteperioden wieder nach Norden hin ausbreiten, wenn das Klima milder wurde. Im Ergebnis ist die Vielfalt europäischer Wälder deutlich geringer als diejenige von Wäldern anderer gemäßigter Zonen und der Tropen. Tatsächlich kann man Europas Wälder der Nacheiszeit als Überreste artenreicher Wälder des Neogens begreifen, in denen nur noch wenige Baumarten aus einer ehemals großen Artenfülle vorhanden sind.

Mit der Zeit verschwanden in Europa unter anderem Ölweide, Amberbaum, Edelkastanie, Magnolie, Walnuss, Hemlocktanne und Hickorys. Trotzdem wuchsen ihre Urahnen über Jahrmillionen in unseren Wäldern. Einige Arten schafften die Einreise später wieder durch den Menschen, wie die Walnuss oder die Edelkastanie. Sie bereichern heute unsere Vegetation. Hier zeigt sich, dass der Mensch durchaus auch einen positiven Einfluss auf die Artenvielfalt haben kann. Daraus sollten wir lernen und überlegen, von welchen Baumarten unsere Wälder und wir selbst profitieren könnten. Welche Arten sind klimatisch geeignet, welche Arten könnten die Ausbreitung anderer, massiv invasiver Arten – wie zum Beispiel Weizen und andere Getreide – reduzieren? Hier sollten »neue« Arten nicht generell ausgeschlossen werden, sondern differenziert betrachtet und bewertet werden.

Aktuell existiert keine offizielle Liste der heimischen Baumarten in Deutschland.[2] Man betrachtet stattdessen die bekannten, »natürlichen« Verbreitungsgebiete der bei uns vorkommenden Baumarten. Die anhaltende Diskussion darüber, ob Esskastanie und Walnuss als heimische Arten zu werten seien, zeigt, wie schwierig eine genaue Abgrenzung ist.

Auch die an- oder abwesenden Tierarten haben einen großen Einfluss auf die Zusammensetzung der Pflanzenarten und -gesellschaften. Ganz besonders fällt hier die Anwesenheit des Menschen ins Gewicht – wären wir nicht hier, würde sich der Wald viel weiter, nämlich nahezu vollständig auf der gesamtdeutschen Fläche, ausbreiten und sich aus anderen Arten zusammensetzen.

Zudem wären die Baumarten auch quantitativ anders vertreten: Aktuell besteht der deutsche Wald zu etwa 54 Prozent aus nicht standortheimischen Nadelbäumen, davon sind etwa 50 Prozent als Monokultur (Reinbestand) aufgebaut. Das natürliche Vorkommen der Gemeinen Fichte *(Picea abies)* wäre in Deutschland jedoch lediglich auf die Alpen begrenzt. Im Harz, Bayerischen Wald oder auch Schwarzwald gibt es nur vereinzelte natürliche Vorkommen.

Laut Bundesamt für Naturschutz entspricht die Zusammensetzung der Baumarten »auf 80 Prozent der deutschen Waldfläche mehr oder weniger nicht der natürlichen Waldvegetation«.[3]

Gleichzeitig ist der Wildbestand in unseren Wäldern alles andere als »natürlich«. Aus historischen Gründen ist vor allem die Bestandsdichte an Schalenwild extrem hoch. Rehwild *(Capreolus capreolus)* und Rotwild *(Cervus elaphus)* sind in Deutschlands Wäldern die wichtigsten Schalenwildarten. Mit mehr als zwei Millionen Rehen ist der Rehwildbestand in Deutschland heute so dicht wie nie. Die Zahl entspricht etwa 20 bis 30 Rehen pro 100 Hektar, und im Winter werden mitunter doppelt so hohe Dichten erreicht. Unter dieser widernatürlichen, überhöhten Bestandsdichte und dem damit einhergehenden Verbissdruck ist die Waldbodenvegetation stark verarmt. Der bekannte Umweltethiker Aldo Leopold (1887–1948) schätzte schon zu seiner Zeit den verbissbedingten Pflanzenartenverlust in deutschen Wäldern auf wenigstens 66 Prozent. Neben den Verlusten in der Krautschicht resultiert der hohe, selektive Verbissdruck außerdem darin, dass selbst Hauptbaumarten wie Eiche, Weißtanne oder Bergahorn nicht mehr wachsen können und stattdessen die Fichte dominiert. 2013 bezifferte die Technische Universität München die durch Schalenwild bedingten jährlichen Schäden und Holzqualitätsverluste mit etwa 175 Millionen Euro.[4]

Zwar kommen vereinzelt wieder Bären, Wölfe oder Luchse vor, diese Arten waren jedoch lange Zeit aus unseren Wäldern verschwunden, und es gibt anhaltende Debatten, ob eine Reintegration vor allem der Bären und Wölfe im dicht besiedelten Deutschland sinnvoll ist. Anhand der Wiedereinführung des Wolfes in der Schweiz konnte gezeigt werden, wie wichtig der Wolf als Teil des Ökosystems ist. Er wirkt natürlich-regulierend auf den Wildbestand ein, die Wildbestände werden vitaler und fressen nicht immer an denselben Orten. Dadurch hat die Vegetation mehr Zeit zum Nachwachsen, wodurch Erosion begrenzt wird. Da der Wolf meist nicht die gesamte Beute frisst, finden auch viele Aasfresser Nahrung. Die verstreuten Kadaverteile bilden für viele Organismen notwendige ökologische Nischen, darunter auch Destruenten wie Bakterien, Pilze oder Würmer. Gleichzeitig fallen jedoch viele Weidetiere den Wölfen zum Opfer, und es entsteht ein wirtschaftlicher Schaden für die Landwirte. Ein Spannungsfeld, das in Deutschland alles andere als geklärt ist.

Insgesamt sollte die Überzeugung, dass nicht heimische Baumarten *per se* invasiv, der heimischen Biozönose nicht angepasst und damit schädlich seien, überdacht werden. Die wissenschaftlichen Belege für diesen Standpunkt sind oftmals dürftig, da breit angelegte Forschung in diesem Bereich in der Regel fehlen. Dies gilt besonders für Untersuchungen an Altbäumen im biologisch wertvollen Reifestadium. So schreibt die Forstliche Versuchs- und Forschungsanstalt Baden-Württemberg:

> »Viele Postulate der Vergangenheit über die negativen Wirkungen neuer Arten haben sich als falsch erwiesen, wie zum Beispiel die angebliche Bienenschädlichkeit der Krimlinde (Silberlinde). Die Forschungsanstalt für Waldökologie und Forstwirtschaft in Trippstadt hat sich in diesem Zusammenhang in letzter Zeit intensiv mit der biologischen Wertigkeit alter Edelkastanien im Vergleich mit den heimischen Eichen und Schwarznüssen im Vergleich mit der Esche befasst und sehr positive Ergebnisse für die nicht Heimischen erhalten. Die wissenschaftliche Bearbeitung dieses Themas muss unbedingt intensiviert und deren Ergebnisse unvoreingenommen bewertet werden.«[5]

Die Gefahr der Invasivität soll hier keinesfalls relativiert werden, sondern in einem breiteren, vielleicht auch unaufgeregterem Kontext betrachtet werden.

Fest steht: Europas Wälder unterlagen schon immer einem Wandel. Durch Pollendiagramme konnte deutlich belegt werden, dass keine Schicht eines Pollendiagramms die gleiche Blütenstaubzusammensetzung enthält wie eine ältere oder jüngere. Unsere Wälder waren nie stabil im Sinne einer konstanten Artenzusammensetzung. Und das ist auch gut so, denn nur ein Ökosystem, dem es erlaubt ist, sich äußeren Änderungen – wie dem Klimawandel oder dem Menschen – anzupassen, kann eben diese Änderungen auch verkraften:

> »Die Betrachtung der Waldgeschichte lehrt uns, daß wir auch das heutige Erscheinungsbild von Wald nicht als stabil oder gar als das letzte erreichbare deuten dürfen, sondern es ist – wie in früheren Stadien auch – nur ein Durchgangsstadium der Waldentwicklung hin zu einem heute noch völlig unbekanntem Bild, das genauso als natürlich aufgefaßt werden muß wie jedes andere Stadium der Waldgeschichte zuvor [sic].«[6]

Bodenvergiftungen durch Schadstoffe

Als Schadstoffe werden Stoffe und Stoffverbindungen bezeichnet, die wegen ihrer Eigenschaften und den vorkommenden Konzentrationen schädlich für Mensch und Umwelt sein können. Dazu zählen Schwermetalle und Arsen, Rückstände von schwer abbaubaren Pflanzenschutzmitteln, Chemikalien und deren Abbauprodukte sowie militärische Altlasten, Arzneimittel und Radionuklide.[7]

Obwohl Böden Puffereigenschaften aufweisen und Schadstoffe anreichern und binden können, ist diese Speicherkapazität irgendwann erschöpft und der Boden gibt die Schadstoffe wieder frei. Sie werden dann in das Grundwasser oder die Atmosphäre abgegeben, oder sie werden von den Pflanzen aufgenommen. Letztendlich können sie über das Wasser oder die Pflanzen auch in die Nahrungskette des Menschen gelangen:

> »Schadstoffe sind in Böden allgegenwärtig. Sie stammen aus natürlichen Quellen, aus Industrie, Landwirtschaft, Verkehr und privaten Haushalten. Wenn sie sich im Boden anreichern und von dort ins Grundwasser gelangen oder von Pflanzen aufgenommen werden, können sie zum Risiko für Mensch und Umwelt werden.«[8]

Giftmüll und Altlasten

Schadstoffbelastungen waren lange kein Thema der Umweltpolitik. Erst 1971 wurde der Schutz des Bodens als Aufgabe der Umweltpolitik benannt, und in der Folge sollten wilde Müllkippen stillgelegt, saniert und rekultiviert werden. 1978 prägte der Rat der Sachverständigen für Umweltfragen den Begriff der »Altlasten« für die Gefahren, die aus alten Halden, Deponien und wilden Ablagerungen ausgingen.[9] Eine systematische Erfassung von Altablagerungen und Altlasten erfasste bis zum Jahr 2000 rund 360.000 altlastenverdächtige Flächen allein in Deutschland. Aufgrund der gewaltigen Kosten wurde bisher jedoch nur ein Bruchteil der Altlasten saniert. Je nach Zusammensetzung des Giftmülls können die verseuchten Flächen unterschiedliche Auswirkungen auf die menschliche Gesundheit haben, und im Verdachtsfall sind diese Flächen von der Etablierung essbarer Wälder ausgeschlossen.

Schwermetalle

Erhöhte Schwermetallwerte wurden ab den 1970er-Jahren auf der ganzen Erde gemessen. Im Rahmen des Forstlichen Umweltmonitorings werden neben den Säure- und Stickstoffeinträgen seit den 1980er-Jahren auch die Belastungen der Waldökosysteme mit Schwermetallen erfasst.[10] Schwermetalle wie zum Beispiel Blei (Pb), Cadmium (Cd) und Quecksilber (Hg) haben eine hohe chemische Stabilität und reichern sich dadurch in der Umwelt an. Ihre Toxizität verursacht Schäden an Ökosystemen und wirkt sich negativ auf die menschliche Gesundheit aus. In erheblichem Umfang gelangen sie durch menschliche Tätigkeiten in die Atmosphäre. Von dort werden sie weiträumig und grenzüberschreitend transportiert, bevor sie sich in anderen Gebieten ablagern.

Die Folgen von Schwermetallen in Böden wurden zuerst im dichtbesiedelten Japan deutlich, wo Berg- und Hüttenwerke oft direkt an Reisfelder angrenzen. Mit Schwermetallen belastetes Wasser wurde für die Bewässerung von Reisfeldern verwendet. Die Reispflanzen nahmen das Schwermetall Cadmium auf, und über den Reis gelangte es in die Nahrungsmittelkette des Menschen. Eine weitere Intoxikationsquelle war der Verzehr von Fischen, da sich Cadmium auch im von den Fischen verzehrten Phytoplankton und Algen anreichert. In der Folge trat die Itai-Itai-Krankheit auf, eine chronische Cadmiumtoxikation, gekennzeichnet durch Knochenschmerzen, Skelettverformungen, Knochenbrüchen bei geringer Belastung und eine Niereninsuffizienz.[11] »Itai« ist japanisch für »schmerzhaft«, und in den späten 1960er-Jahren wurden 350 Fälle von Erkrankten sowie rund 100 Todesfälle in der betroffenen Präfektur Toyama beschrieben. 1980 waren etwa zehn Prozent der japanischen Reisfelder aufgrund der Cadmiumbelastung nicht mehr für den Anbau von Nahrungsmitteln geeignet.

Auch Blei kann anstelle von Kalzium in die Knochen eingelagert werden. Die dadurch verursachten Enzymstörungen können insbesondere auch das heranwachsende Gehirn schädigen. Mit der Einführung von Gesetzen zur Luftreinhaltung und dem Verbot von Blei in Benzin konnte der Anstieg der Konzentrationen in den Ökosystemen gestoppt werden. Allerdings bleiben Schwermetalle bis zu 3.000 Jahre im Erdreich.[12]

Aufgrund unserer Historie sind neben der Luftverschmutzung insbesondere auch die Belastungen rund um Bergwerke zum Abbau von Metallen sowie die Anlagen zur Verhüttung zu nennen. Diese Standorte sind nicht geeignet zur Etablierung essbarer Wälder, und vor Ort sollte genau geprüft werden, ob das zu bepflanzende Waldstück kontaminiert ist. Online gibt es eine unvollständige Liste stillgelegter[13] sowie aktiver Bergwerke[14] in Deutschland, die eine erste Übersicht verschaffen können.

Pestizide im Wald

2019 veröffentlichte der Weltbiodiversitätsrat der UN den Global Assessment Report und warnte vor einem gegenwärtigen Massensterben mit historischem Artenverlust. Neben Lebensraumverlust ist die Hauptursache dafür die weltweite Kontamination unserer Umwelt mit Chemikalien, die primär aus Industrie und konventioneller Landwirtschaft stammen. 2017 zeigten die Ergebnisse einer Langzeitstudie, dass die Gesamtbiomasse an Fluginsekten in nur 27 Jahren um 75 Prozent zurückging.[15]

Obwohl DDT (Dichlordiphenyltrichlorethan), Dimilin und andere hochgiftige Insektizide mittlerweile verboten sind, werden Pestizide weiterhin sowohl in öffentlichen als auch in privaten Wäldern eingesetzt. Die Risikoabschätzungen zu den Gesundheitsgefahren für den Menschen, der bei der Forstarbeit oder beim Spaziergang mit den Pestizidpräparaten in Berührung kommen kann, sind umstritten.

Ein im Forst eingesetztes Insektizid ist Karate Forst, ein Breitbandinsektizid, welches als Kontaktgift alle Insekten tötet, die mit ihm in Berührung kommen. Sein Wirkstoff Lambda-Cyhalothrin ist neurotoxisch für wirbellose Insekten, aber auch für Wirbeltiere wie den Menschen. Außerdem ist es sehr aquatoxisch und tötet Fischnährtiere wie Libellen- oder Eintagsfliegenlarven bis zum Fisch selbst ab.

Ein weiteres Insektizid ist Dipel ES. Es wird im Forst, aber auch in Parks und Alleen gegen den Eichenprozessionsspinner eingesetzt. Dabei tötet es jedoch auch die Raupen der meisten anderen im Ausbringungsbereich vorkommenden Schmetterlingsarten ab.[16] Es handelt sich um ein Fraßgift, das aus den Bt-Toxinen des Bodenbakteriums *Bacillus thuringiensis* gewonnen wird. Zu waldschädigenden Massenvermehrungen des Eichenprozessionsspinners kommt es meist nur dann, wenn durch Monokulturen ein großes Fraßangebot herrscht und den natürlichen Gegenspielern die ökologischen Grundlagen entzogen wurden.

Kapitel 12

Praxisbeispiele aus dem Usinger Stadtwald

Unabhängig vom geplanten Pflanzprojekt sollte sichergestellt sein, dass sich alle Beteiligten einig sind und vor den Pflanzungen die nötigen Behörden informiert wurden, damit etwaige Genehmigungen vorliegen. Welche Behörden eingebunden werden müssen, unterscheidet sich nicht nur von Bundesland zu Bundesland, sondern kann sich auch von Kreis zu Kreis unterscheiden.

In unserem Fall haben wir vor den ersten Pflanzungen die Nordwestdeutsche Forstliche Versuchsanstalt (NW-FVA)[1] kontaktiert, um die ausgewählten Arten und deren Anpflanzung anzufragen. Die NW-FVA betreibt eigene, praxisnahe forstliche Forschung. Zusätzlich berät sie als Kompetenz- und Servicestelle Waldbesitzer*innen, Forstbetriebe, Verwaltungen sowie die Politik.

Wichtig ist außerdem, die zuständige Untere Naturschutzbehörde zu kontaktieren und über geplante Projekte zu informieren, auch wenn diese gegebenenfalls nur bestätigt, dass sie nicht weiter eingebunden werden muss.

Bei Unklarheiten über die zuständigen Behörden oder die nötigen Genehmigungen kann man auch bei der eigenen Stadtverwaltung oder Vertretern des zugehörigen Kreises um Hilfe bitten und sich so durch den »Behördendschungel« kämpfen.

Nicht jede Kommunikation mit Behörden oder Politiker*innen mag auf Anhieb erfolgreich sein. Davon sollte man sich nicht abschrecken lassen, manche Ideen brauchen etwas Zeit, um in den Köpfen zu reifen, bevor sie umgesetzt werden können. Eine freundliche, unaufgeregte, aber zielorientierte Kommunikation ermöglicht es in vielen Fällen, Themen auch zu einem späteren Zeitpunkt noch einmal aufzugreifen und zu diskutieren. Oftmals können dann doch noch Projekte umgesetzt werden. Wie diese Umsetzung letztendlich aussieht, kann sich von Region zu Region unterschiedlich gestalten.

Hier soll kurz aufgezeigt werden, wie erste Projekte im Heimatort der VifaGe® geplant, finanziert und umgesetzt werden konnten.

Erstes Nussbaumpflanzprojekt von VifaGe® e.V.

Eine erste Pflanzung nach dem VifaGe®-Konzept »Essbare Wälder« fand im November 2023 im Usinger Stadtwald statt. Ermöglicht wurde das Pilotprojekt dank der Unterstützung durch Bürgermeister Steffen Wernard (CDU) und der engen Zusammenarbeit mit dem örtlichen Förster Karl-Matthias Groß.

Auf zwei Teilflächen, die zusammen rund 1.580 Quadratmeter groß sind, wurden 240 Pekannüsse (*C. illinoiensis*), 120 Schuppenrinden-Hickorys (*C. ovata*), 129 Königsnüsse (*C. laciniosa*), und 240 Chinesische Edelkastanien (*C. molissima*) gepflanzt. Während die Stadt Waldflächen des Kommunalwaldes zur Verfügung stellte, wurde vor allem das teure Pflanzgut über Spenden an VifaGe® e.V. finanziert. Die waldbauliche Langzeitpflege übernimmt der Förster wie bisher üblich, auch der Holzertrag steht ausschließlich der Stadt zu. Die Nüsse stehen der Allgemeinheit zur kostenlosen Ernte zur Verfügung, solange die Bäume erhalten bleiben. Der Verein VifaGe® e.V. unterstützt in den ersten Jahren bei der Pflege der Fläche und hält die Baumscheiben frei, bis sich die jungen Bäumchen etabliert haben und nicht mehr von Beikräutern überwuchert werden können. Später ist keine aktive Pflege durch den Verein mehr nötig.

Der Arbeitsaufwand für den Verein ist also relativ überschaubar: Die Pflege der Baumscheiben ist insbesondere in den ersten Jahren der Etablierungsphase wichtig. Die Arbeit überfordert die freiwilligen Helfer*innen jedoch nicht, denn es sind keine Vorkenntnisse wie etwa beim Obstbaumschnitt erforderlich. Man muss auch nicht auf Leitern klettern oder mit Geräten wie Kettensägen umgehen können. Die Arbeit ist körperlich vergleichsweise weniger belastend, sofern man keinen Wert darauflegt, auch noch die letzten Wurzeln der Beikräuter aus dem Boden zu ziehen. Im Gegenteil, es sollten gar nicht alle Beikräuter restlos entfernt werden, denn diese können in Maßen auch zum Schutz der gepflanzten Bäumchen beitragen, indem sie Schatten spenden oder den Wind abmildern. Mit jedem Jahr wachsen die Bäumchen etwas weiter, und entsprechend wird der

Arbeitsaufwand weniger, bis die jungen Bäume sich gegen die Konkurrenz behaupten können. Danach wird die Fläche nur noch waldbaulich und auf herkömmliche Weise durch die verantwortlichen Förster*innen gepflegt, bis die Holzernte nach 100 bis 180 Jahren einsetzt. Rechnen wir also mit einem überschaubaren und kontinuierlich abfallenden Pflegeaufwand von zehn bis maximal 20 Jahren, steht diesem eine Ernteperiode von 80 bis 160 Jahren gegenüber, in der keine zusätzliche Arbeit anfällt. Der Verein hat dann »die Hände frei«, um andere Projekte anzugehen.

Der von uns gewählte Standort ist frisch bis wechselfeucht bei sandigem Lehm über Schluff. Vorherrschende Gesteine sind Tonschiefer und Grauwacke, die Höhenlage beträgt 405 bis 415 Meter. Bei dem Pflanzgut handelte es sich um einjährige, wurzelnackte Sämlinge, mit einer Größe von unter 50 Zentimetern bei Lieferung. Die Sämlinge stammten von der Baumschule für Klimawandelgehölze aus Möhringen.[2] Vor der Pflanzung wurden die Flächen geräumt, da der Aufwuchs bereits sehr hoch war und die kleinen Bäumchen ansonsten überwuchert worden wären. Zwei Tage vor Pflanztermin wurden die Bäumchen geliefert und bei strömendem Regen vor Ort in Erde eingeschlagen. Im Rahmen einer vom Verein VifaGe® e.V. organisierten Pflanzaktion wurden die Bäume in die Erde gebracht. Dabei wurde ein Pflanzabstand von etwa 1,5 × 1,5 Meter eingehalten. Auch Schafwolle wurde mit in die Pflanzlöcher gegeben, um den Wurzelbereich vor Wühlmäusen zu schützen. Als Abgrenzung zur Wegseite und zum Schutz vor kalten Winden wurden zusätzlich insgesamt 50 Haselnusssträucher (*Corylus avellana*, Wurzelware, zweijährig, Größe bei Lieferung 50 bis 80 Zentimeter)[3] gepflanzt. Diese erlauben außerdem eine frühzeitigere Ernte, da die Sträucher früher in die Ertragsphase gehen.

Die zahlreichen großen und kleinen fleißgien Helferinnen und Helfer konnten sich nach getaner Arbeit bei einer heißen Kürbissuppe aufwärmen, mit welcher der örtliche Landgasthof die Pflanzaktion kulinarisch unterstützte.

Beide Testflächen sind für die folgenden Jahre durch einen Zaun vor Wildverbiss geschützt. Die kleinen Bäumchen wurden nach der Pflanzung nicht gegossen und auch in Zukunft ist nicht geplant, die Flächen zu bewässern. Beide Flächen waren ursprünglich Kalamitätsflächen, auf denen ein ehemaliger Fichtenbestand dem Borkenkäfer zum Opfer gefallen war.

Die vorhandene Begleitvegetation auf Testfläche 1.1 (Leimenkaut) ist vornehmlich von krautiger Natur und weniger aggressiv im Vergleich zur Testfläche 1.2. Brombeeren sind kaum vorhanden. Aus diesem Grund wurde auf Testfläche 1.1 zusätzlich Saatgut für Bärlauch ausgebracht. Obwohl die Fläche in der Nähe eines Wanderweges liegt, haben wir die Hoffnung, dass die mehrjährige Begrenzung durch den Zaun dafür sorgt, dass nicht nur Wildtiere, sondern auch menschliche Zuckermäuler davon abgehalten werden, den Bärlauch zu früh zu ernten. Dadurch könnte das begehrte Wildkraut eine Chance haben, sich seinem Charakter gemäß weitläufiger auszubreiten, um dann in größeren Mengen zur Verfügung zu stehen.

Auf Testfläche 1.2 (Schmiedsheck) sind viele Brombeersträucher als Begleitvegetation vorhanden. Es gab hier bereits zuvor den Versuch, Edelkastanien *(C. sativa)* anzupflanzen, die jedoch von der Begleitvegetation überwuchert wurden. Einige kleine Restbestände wurden auf der Fläche erhalten und in die Neupflanzungen integriert.

Zweites Nussbaumpflanzprojekt von VifaGe® e.V.

Eine zweite Pflanzung im Usinger Stadtwald soll zeitnah folgen. Insgesamt geht es um 3.500 Nussbäume, darunter Pekan-, Königs-, Butter-, Schwarz- und Walnüsse, sowie Bur-Eichen, Schuppenrinden-Hickorys und Edelkastanien. Bei den Edelkastanien wird überlegt, auf Züchtungen der »Baumschule Wurzelwerk« aus Witzenhausen bei Kassel[4] zurückzugreifen. Bei den angebotenen Edelkastaniensämlingen handelt es sich um Kreuzungen von »Dore de Lyon« (100 Prozent *C. sativa*) und »Marsol« (50 Prozent *C. sativa*, 50 Prozent *C. crenata*). »Dore de Lyon« bringt große Maronen hervor mit sehr gutem Geschmack, während »Marsol« die Sämlinge mit guter Resistenz gegen diverse Krankheiten ausstattet. Insgesamt gilt die Kreuzung als sehr wüchsig und eignet sich optimal für den Wald.

Die Pflanzung soll begleitet werden von kleineren, essbaren Gehölzen wie Haselnuss, Kornelkirsche, Felsenbirne und Eberesche. Für dieses Projekt wurden Fördermittel bei der LEADER Region Hoher Taunus[5] beantragt. Weitere Informationen zum Projekt und der Umsetzung wird VifaGe® e.V. auf der Webseite[6] zur Verfügung stellen.

Kapitel 13

Naturnahe Waldwirtschaft generiert essbare Wälder auch außerhalb des VifaGe® Konzeptes

»Holz ist ein Stoff besonderer Art. Seit Urzeiten hat sich die Geschicklichkeit der menschlichen Hand an der Arbeit mit Holz entwickelt, so sehr, dass man sagen kann: Die Beziehung zum Holz gehört zur menschlichen Natur; die Auseinandersetzung mit dem Werkstoff Holz ist ein Grundelement der menschlichen Körpergeschichte ebenso wie der Geschichte menschlicher Kunstfertigkeit.«

Joachim Radkau[1]

Schlussendlich ist die überwiegend oder ausschließlich auf Holzproduktion orientierte Forstwirtschaft kritisch zu bewerten, da sie Anteil hat am Rückgang der Biodiversität in den Wäldern. Insbesondere tragen Entwässerung, Homogenisierung der Bestände, Anbau nicht angepasster Baumarten, Pestizideinsatz und der Mangel an alten Bäumen und Totholz zum Schwund der Biotope bei. Der Druck auf die Wälder hat sich mit der Umwandlung von öffentlichen Forstverwaltungen in Anstalten öffentlichen Rechts mit einseitiger Ausrichtung auf Rentabilität in den vergangenen Jahrzehnten noch verschärft. Damit einher gingen der Abbau von Forstpersonal in der Fläche, die Vergrößerung von Revieren, die Beauftragung von privaten Holzunternehmen und der Einsatz von Großmaschinen zur Holzernte. Eine intensive Nutzung erkennt man an klassischen Merkmalen wie stark aufgelichteten Baumbeständen, zerfurchten Waldwegen und Rückeschneisen sowie meterhohen Holzpoltern am Wegesrand. »Heute kommt es nicht selten vor, dass weder der Baumstamm noch der daraus hergestellte Balken von einem Menschen im Wald bzw. im Sägewerk mit der Hand berührt wird.«[2]

Die seit den 1980er-Jahren angelegten Rückegassen werden in der Regel dauerhaft angelegt, um ein komplettes Befahren des Waldes im Laufe der Jahre zu verhindern. Moderne Forstmaschinen sind schwer – der größte Harvester (eine Vollerntemaschine, die fällt, entastet und sägt) wiegt 70 Tonnen und ist mehr als vier Meter breit, ein Extremfall.[3] Zum Vergleich: auf Verkehrsstraßen in Deutschland gilt eine Obergrenze von 44 Tonnen. Laut einer deutschlandweiten Umfrage arbeiten 94 Prozent aller Befragten Betriebe mit Harvestern,[4] auch wenn Harvester der mittleren Typen bevorzugt werden, um den Bodendruck zu vermindern. Sie kommen vor allem in Landes- und Privatwäldern zum Einsatz. Das Befahren der empfindlichen Waldböden führt zu Verdichtungen und damit zur Zerstörung des Bodens, was in der Lebenszeit eines Menschen nicht wieder zu regenerieren ist. Trotzdem fehlen bisher einheitliche und verbindliche Grenzwerte für die Bodenverdichtung sowie eine Bewertung durch eine einheitliche Bodeninventur. Bei einem Rückegassenabstand von 40 Metern beträgt der Verlust produktiver Waldfläche etwa zehn Prozent. Schon 1976 schrieb Horst Stern in der Zeitschrift *Nationalpark*:

> »Am Ende werden wir, wenn der noch immer virulente Gedanke der forstlichen Gewinnmaximierung nicht endlich stirbt, nicht den menschenfreundlichen, sondern den maschinenfreundlichen Wald haben … flurbereinigte Holzäcker zwischen Rückegassen.«[5]

Es muss anerkannt werden, dass der Bedarf am Rohstoff Holz auch in Zukunft nicht abreißen wird. Tatsächlich ist sogar das Gegenteil der Fall, der weltweite Holzmarkt ist extrem angespannt, und es gibt immer wieder Lieferengpässe. Holzwirtschaftlich genutzte Wälder werden also auch weiterhin eine prägende Rolle in unserer Gesellschaft spielen, die »Holzzeit« ist noch nicht vorbei.

> »Der Naturstoff Holz besitzt dagegen in seinen vielfältigen Varianten viele arten-, standort- und verwendungsspezifische Eigenschaften, die zum Teil erst nach und nach entdeckt wurden. Nicht zuletzt aus diesem Grund ist die Geschichte der Beziehung des Menschen zum Holz eine Geschichte ohne Ende.«[6]

Zur Entwicklung effektiver Nachhaltigkeitsstrategien zählt in jedem Falle auch die Diskussion über eine sinnvollere, effizientere Verwendung von Holzprodukten.

Aber auch die Umgestaltung der Holzertragsflächen hin zu einer möglichst naturnahen Gestaltung und Pflege spielt eine entscheidende Rolle. Aus heutiger Sicht wird immer deutlicher, dass gemischte Bestände aus vorwiegend Buchen und anderen Laubbaumarten ein wichtiger Aspekt zum Aufbau »leistungsfähiger« Wälder sind. Laubmischwälder bedeuten Risikostreuung und gelten damit als die wichtigste waldbauliche Reaktion auf die Unsicherheiten des Klimawandels. Insbesondere sollten die beteiligten Baumarten unterschiedliche ökologische Nischen besetzen. Natürliche Waldgesellschaften weisen die höchste biologische Produktivität auf. Daraus leitet sich ab, dass naturnahe Wirtschaftswälder gleichzeitig die höchste ökonomische Ertragsfähigkeit erreichen, was durch zahlreiche wissenschaftliche Studien bestätigt wird.[7, 8]

Im Staatswald müssten die politisch vorgegebenen Ertragsziele mindestens so weit gesenkt werden, bis eine Umstrukturierung des Waldes zu einem naturnahen Wald möglich wird. Diese Vorgaben sind weder im Bundeswaldgesetz (BWaldG) enthalten, noch entsprechen sie dem traditionellen Verständnis einer schonenden Waldbewirtschaftung. Eine Änderung entspräche aber Artikel 20a des Grundgesetzes, welcher seit 1994 aufgibt, die natürlichen Lebensgrundlagen »durch die Gesetzgebung« zu schützen. Detlef Czybulka fasst zusammen:

> »Artikel 20a GG schützt nicht etwa nur die Reste natürlicher Landschaften, sondern die Kulturlandschaft gleichermaßen und damit auch den bewirtschafteten Wald in seinen natürlichen Funktionen. Dass diese im Interesse der Allgemeinheit zu schützen sind, fordert Artikel 20a des Grundgesetzes.«[9]

Auch um die Integration von Laubgehölzen in den Bestand voranzutreiben, plädieren wir für die Pflanzung von Nussbäumen in Wirtschaftswäldern. Durch die Doppelnutzung eines Großteils der Fläche nicht nur zur Holz-, sondern auch zur Lebensmittelproduktion, könnten andere Flächen (zum Beispiel Ackerland oder Nussmonokulturen) weniger intensiv genutzt werden und somit grundsätzlich eher dem Naturschutz oder einer naturnäheren Bewirtschaftungsform zugeführt werden. Eine Integration von nussfruchtbildenden Arten widerspräche unserer Ansicht nach auch nicht einer Zertifizierung nach Naturland e.V.,[10] welche beinhaltet, dass mindestens 80 Prozent der Bestandszusammensetzung aus heimischen Baumarten bestehen sollte. Nussbäume könnten unter den übrigen 20 Prozent abgebildet werden.

Naturnahe Wirtschaftswälder sind weitaus vielfältiger als Nadelholzmonoplantagen, was auch für das wilde kulinarische Angebot gilt. In naturnahen Wäldern kann eine vielfältige Krautschicht gedeihen, darunter zahlreiche essbare Waldwildkräuter. Hinzu kommen diverse Baumfrüchte (zum Beispiel Beeren) und Pilze, wobei auf letztere in diesem Buch nicht eingegangen werden soll. Viele Pilze sind jedoch an bestimmte Baumarten gebunden, und ein Laubmischwald hat entsprechend ein anderes Pilzsortiment vorzuweisen als Nadelholzmonokulturen.

Um das VifaGe® Ernteangebot zu erweitern, können die Nussbaumpflanzungen nach Möglichkeit durch weitere, kulinarisch verwertbare Arten ergänzt werden. Auf diese soll im Folgenden kurz eingegangen werden.

Kapitel 14

Ernten im Wald

Sofern nicht anders ausgewiesen, gilt im Wald grundsätzlich ein freies Betretungsrecht (§ 14, Abs. 1 BWaldG).[1] Das bedeutet auch, dass man Waldwege verlassen darf, sofern Schilder dieses Recht nicht einschränken. Trotzdem sollte man die Waldwege nach Möglichkeit nicht verlassen, um Pflanzen und Tiere nicht zu stören. Beim Sammeln greift außerdem die »Handstraußregelung« des Bundesnaturschutzgesetzes (§ 39, Abs. 3 BNatSchG):

> »Jeder darf abweichend von Absatz 1 Nummer 2 wild lebende Blumen, Gräser, Farne, Moose, Flechten, Früchte, Pilze, Tee- und Heilkräuter sowie Zweige wild lebender Pflanzen aus der Natur an Stellen, die keinem Betretungsverbot unterliegen, in geringen Mengen für den persönlichen Bedarf pfleglich entnehmen und sich aneignen.«[2]

Es gilt aber auch, dass es untersagt ist, »ohne vernünftigen Grund wild lebende Pflanzen von ihrem Standort zu entnehmen oder zu nutzen oder ihre Bestände niederzuschlagen oder auf sonstige Weise zu verwüsten« sowie deren »Lebensstätten zu beeinträchtigen oder zu zerstören.«[3]

Explizit ausgenommen von der Handstraußregelung sind forstlich angebaute Pflanzen, also Bäume und junge Setzlinge. Auch Schmuckreisig, Brennholz und Steine dürfen nicht mitgenommen werden. Grob könnte man beim »Eigenbedarf« mit etwa einem Kilogramm pro Person rechnen. Für eine gewerbliche Nutzung bedarf es hingegen einer Genehmigung.

Einschränkungen und Ausnahmen der Regel umfassen zum Beispiel Naturschutzgebiete, geschützte Moorgebiete und flächenhafte Naturdenkmäler, Wildruhezonen sowie die durch Zäune geschützten Junganpflanzungen. Auch Pflanzen, die unter Naturschutz stehen, dürfen selbstverständlich nicht gesammelt werden. Wegen erhöhter Unfallgefahr werden bei Baumfällarbeiten oder genehmigten Treibjagden ebenfalls Waldbereiche temporär gesperrt.

Beim Sammeln von Beeren oder anderen Kräutern nahe am Boden sollte bedacht werden, dass auch Füchse sich im Wald aufhalten, die mögliche Überträger des Fuchsbandwurmes sein können. Obwohl ein Befall des Menschen eher selten ist, ist der Verlauf lebensgefährlich und kann zum Tod führen. Um das Risiko einer Übertragung so gering wie möglich zu halten, sollte nicht dort gesammelt werden, wo Fuchskot gefunden oder vermutet (Geruch!) wird. Das Sammelgut sollte gründlich gewaschen werden. Die Erreger werden bei Temperaturen über 60 Grad Celsius abgetötet. Einfrieren oder das Einlegen in Alkohol tötet die Erreger nicht ab.

Kapitel 15

Essbare Waldwildkräuter

»Wer sich mit essbaren Wildpflanzen auskennt,
kann sich überall als Gast der Natur willkommen fühlen
und damit ein Stück weit unabhängiger,
sicherer und gelassener durchs Leben gehen.«

Dr. Markus Strauß[1]

Wie die Menschen, so sind auch Pflanzen Individuen, die eingebettet sind in ihre Umwelt und mit dieser in einer Beziehung stehen. Ihre Wurzeln strecken sich in den Boden mit seinen Mineralstoffen und kommunizieren mit dem unterirdischen Netz aus Pilzmyzelien und Mikroorganismen. Die Pilze erleichtern ihnen den Zugang zu Wasser, Nährstoffen, Mineralstoffen und Wuchsstoffen (Auxine) im Austausch gegen den Zucker aus ihrer eigenen Fotosyntheseaktivität. Oberirdisch sind sie im Austausch mit der Atmosphäre, geben Sauerstoff ab und nehmen Kohlenstoffdioxid auf, atmen also uns entgegengerichtet. Mit ihren Duftstoffen treten sie in Kontakt mit pflanzlichen oder tierischen Nachbarn, so auch mit uns Menschen, wenn auch oftmals unbewusst. Geprägt werden sie vom Wechsel der Jahreszeiten, vom Tag-Nacht-Rhythmus, von der Sonneneinstrahlung oder Beschattung durch benachbarte Pflanzen, von den Witterungsverhältnissen an ihrem Standort und ihrer eigenen, inneren Kraft. Die vielen pflanzlichen Inhaltsstoffe dienen ihnen selbst zum Überleben. Jedoch können sie auch eine nährende und heilende Wirkung auf uns haben. Dabei sind Nähr- und Heilwirkung von Wildkräutern so viel mehr als die Betrachtung einzelner molekularer Wirkstoffe.[2]

Das Sammeln im Wald bietet den Vorteil, dass man davon ausgehen kann, dass die Pflanzen vergleichsweise wenigen Umweltgiften ausgesetzt waren. Die Kraft und Energie, die in der wilden Pflanze stecken, sind kaum vergleichbar mit den kultivierten, oft mit künstlichen Düngemitteln genährten, in Gewächshäusern gehegten und gepflegten Kräutern aus dem Supermarkt.

Obwohl Wildkräuter in unserer heutigen Ernährung nur noch eine verschwindend geringe Rolle spielen, haben sie uns evolutionsbiologisch seit jeher begleitet und bilden somit einen essenziellen Teil unserer Identität. Auch wenn wir uns selbst nicht immer bewusst an sie erinnern, so erinnert sich unser Körper und lebt auf und erfährt Heilung mit der gesunden, pflanzlichen Ernährung, sobald wir diese zulassen.

Jedes Kraut hat eine eigene kulturelle Bedeutung und eine linguistische Identität. Die Botschaften des »grünen Volkes« spiegeln sich bis heute im kulturellen Schaffen der Völker, in Märchen, Sagen oder auch im Brauchtum. Es gibt oftmals eine Vielzahl an umgangssprachlichen Bezeichnungen ein und derselben Pflanze. Allein für den Löwenzahn finden sich fast 500 mundartliche Namen, darunter Bärenzahn, Dätsche, Butterblume, Eierblume, Weckblume, Milchblume, Saumelke, Maiblume, Kuhblume, Pferdeblume oder Dauwurz.[3] Vielleicht ist es an der Zeit, sich an dieses Erbe zu erinnern und es in Zukunft besser zu pflegen.

Im Folgenden werden einige wichtige Waldwildkräuter kurz porträtiert. Es gibt derer jedoch noch viele mehr, die allerdings den Rahmen dieses Buches sprengen würden. Für VifaGe® Projekte eignen sich insbesondere robuste Arten, die sich schnell ausbreiten und leicht vor allem durch Aussaat etablieren lassen. Wie an unserem Beispiel aus der Praxis verdeutlicht, können bei Neupflanzungen von (Nuss)bäumen auch Waldwildkräuter gezielt integriert werden. Dies trifft insbesondere zu, wenn die Flächen für die Folgejahre durch Wildschutzzäune vor Verbiss geschützt sind, denn dann haben die Kräuter eine Chance, sich ungestört zu entfalten und langfristig wieder anzusiedeln.

Bärlauch (*Allium ursinum*)

Bärlauch bevorzugt feuchte, humusreiche Laubwälder, insbesondere Buchenwälder. Er nutzt die frühe Frühlingssonne, die, direkt nach der Schneeschmelze, durch die noch unbelaubten Bäume fällt. In Hosten wachsend formt er oft massive Bestände und bedeckt den Waldboden im Vorfrühling mit seinen saftig grünen Blättern.

Bärlauch ist der wilde Knoblauch unserer Wälder. Der lateinische Gattungsname *Allium* bedeutet nichts anderes als »Knoblauch«, während der Artname *ursinum* auf das lateinische *ursus* (»Bär«) zurückgeht. Die alteuropäischen Waldvölker, insbesondere die Germanen, bezeichneten Pflanzen als Bärenpflanzen, wenn sie eine besonders starke Heilwirkung besaßen, die Abwehr stärkten, die Fruchtbarkeit erhöhten oder besonders auffällig oder behaart waren:

> »Den Namen Bärlauch gaben ihm die Alten, weil sie sahen, dass die Bären, nach langem Winterschlaf noch schwach und abgemagert, massenhaft dieses Kraut verzehrten und bald wieder die alte Stärke gewannen.«[4]

Der Bärlauch gilt als starkes Heilmittel, er wirkt sich positiv auf die Darmflora aus, erweitert die Blutgefäße und stärkt das Immunsystem. Unter den schwefelhaltigen ätherischen Ölen in der Pflanze findet sich das Allicin, welches pilzwidrig und antibakteriell wirkt. Bärlauch wird wie Knoblauch auch als »Russisches Penicillin« bezeichnet.

Die verdauungsfördernden, entgiftenden, antimikrobiellen und kreislauffördernden Wirkungen konnten teilweise in pharmakologischen Tests bestätigt werden. Alkoholische Extrakte zeigten eine hemmende Wirkung auf die Thrombozytenaggregation. Auch eine Wirksamkeit als ACE-Hemmer konnte nachgewiesen werden sowie die antibakterielle Wirkung. – »Iss Lauch im März, wilden Bärlauch im Mai, dann haben die Ärzte das ganze Jahr frei.«[5]

Nicht zuletzt kulinarisch hat der Bärlauch viel zu bieten, weshalb er bei Sammler*innen hoch im Kurs steht. Sein Geschmack ist scharf aromatisch, und der Verzehr belebt und weckt die müden Geister nach einem langen Winter. Die charakteristischen, schwefelhaltigen Stoffe werden durch Hitzeeinwirkung verändert, wodurch der Bärlauch viel von seinem charakteristischen Geschmack verliert. Auch zum Trocknen ist er nicht gut geeignet. Am besten verzehrt man ihn also roh und frisch. Alle Pflanzenteile sind essbar. Die Blätter haben Hauptsaison von März bis Mai. Beim Ernten sollte unbedingt darauf geachtet werden, dass maximal ein Drittel der Blätter pro Pflanze gepflückt werden. Nur so kann gewährleistet werden, dass die Pflanze unbeschadet bleibt und noch genügend Blattmasse hat, um ausreichend Photosynthese zu betreiben. Beim Sammeln sollte auch achtsam umhergegangen werden, um benachbarte Pflanzen nicht unnötig zu zertrampeln.

Die Blätter verzehrt man roh im Salat, sie lassen sich Einlegen in Öl, Essig oder Salzlake. Man kann sie gewürzartig verwenden, Kräuterbutter oder Pesto aus ihnen herstellen oder durch Milchsäuregärung ein wildes Bärlauchkimchi erzeugen.

Etwa zwischen Ende April bis Mai kann man die Blüten ernten, danach den Samen. Die Blütenstände eignen sich zur Herstellung von weißen Antipasti, man kann sie wie die Blätter einlegen in Öl, Essig oder Salzlake.[6] Auch »Bärlauchkapern« lassen sich so einlegen, indem man die noch geschlossenen Blütenstände verwendet. Die noch grünen Samenkörner können als »grüne Pfefferkörner« verwendet werden. Oder man legt sie in Essig ein und stellt »grünen Kaviar« her. Erst bei Reife sind sie dafür zu hart.[7]

Von Juni bis Februar könnte man gar die Zwiebeln ernten. Beim Verzehr der Zwiebeln gilt es jedoch zu bedenken, dass danach keine Pflanze mehr wächst. Um die Zwiebel zu nutzen, macht es also eher Sinn, die Pflanze im eigenen Garten zu etablieren, damit Wildbestände nicht geschädigt werden.

Wie beim Knoblauch auch, sorgt der Verzehr von Bärlauch für eine »Knoblauchfahne«. War diese früher sehr verpönt und der Bärlauch dadurch zunehmend in Vergessenheit geraten, kann man diese heute, vor allem in Zeiten des Homeoffice, gelassener nehmen. Ein jüdisches Sprichwort witzelt gar: »A nickel will get you on the subway, but garlic will get you a seat« (»Mit einem Nickel [Fünf-Cent-Münze] kommt man in die U-Bahn, mit einer Knoblauchfahne bekommt man einen Sitzplatz«).[8] Auch dies kann in Zeiten des Klimawandels und bei der Umstellung auf den öffentlichen Nahverkehr eine nützliche Information sein!

Achtung, Verwechslungsgefahr![9] Beim Sammeln von Wildkräutern gilt immer, dass man die gesammelten Pflanzen sehr gut kennen muss, genau wie bei den Pilzen. Insbesondere beim Bärlauch gilt es darauf zu achten, dass man ihn nicht mit dem giftigen Maiglöckchen *(Convallaria majalis)* oder der Herbstzeitlosen *(Colchicum autumnale)* verwechselt.

Knoblauchsrauke (*Alliaria petiolata*)

Die Knoblauchsrauke wächst gerne auf humosem Grund in lichten Wäldern und entlang von Wanderwegen. Sie breitet sich rasch aus und kann große Bestände bilden.

Das Kraut ist zwei- bis mehrjährig und besteht im ersten Jahr nur aus einer Blattrosette. Erst im zweiten Jahr entwickelt sie weiße Blüten, an deren Nektar sich Bienen, Schwebfliegen und viele Schmetterlingsarten erfreuen. Die Früchte reifen in langen, dünnen Schoten heran, die bei Reife aufspringen und die vielen schwarzen Samen herausschleudern.

Die Knoblauchsrauke war vor allem eine Speise der Armen und lieferte in Notzeiten vitaminreiches Grün. Geschmacklich ist die Knoblauchsrauke für mich eines der besten Kräuter und ich liebe das Pesto, das sich daraus herstellen lässt!

Die Pflanze lässt sich komplett verwenden. Blätter und Triebe erntet man von April bis Juni, sie lassen sich roh im Salat verzehren, als Zutat für Suppen, Kräuterquarks, Kräuterbutter oder Pesto. Man kann die Blätter nicht trocknen, da sie dann ihr Aroma verlieren. Anders als beim Bärlauch, verursachen sie keine Knoblauchfahne.[10]

Die Blüten und Samen lassen sich dekorativ verwenden. Junge Samen kann man würzartig verwenden, reife lassen sich mahlen und eignen sich zur Herstellung von Senf. Die pfeffrig-scharfen Samen gelten als ältestes einheimisches Gewürz.[11]

Auch die scharfen Wurzeln der einjährigen Pflanzen lassen sich im Herbst oder Frühling als Gemüse verwenden. In der Volksmedizin wurde die Knoblauchsrauke als Heilkraut verwendet. Sie enthält Senfölglycoside, ätherische Öle und viel Vitamin A und C.

Waldmeister (*Galium odoratum*)

Der Waldmeister wächst in Laubwäldern, vornehmlich in Rotbuchen- gelegentlich aber auch in Eichen- oder Hainbuchenwäldern. Er wächst gerne auf frischen, lockeren, nährstoff- und basenreichen Böden und zeigt Lehmböden an. Die immergrüne, krautige Pflanze ist mehrjährig und kann an geeigneten Standorten große Teppiche bilden. Die Raupen vieler Spannerarten sind auf Labkräuter wie den Waldmeister als Futterpflanze spezialisiert.

Schon seit heidnischen Zeiten wird im Mai die Fruchtbarkeit gefeiert. Vielerorts symbolisiert der »Maibaum«, ein Birken- oder Fichtenpfahl, den Phallus, der mit der Spitze einen mit roten Bändern umwickelten Blütenkranz durchstößt. Bei diesen Festen wurde oft Waldmeister in Wein eingelegt. Der Waldmeistertrunk soll entspannend und aphrodisisch wirken. Bis heute kennt man die »Maibowle«, traditionell eine Waldmeisterbowle.

Waldmeister lässt sich würzartig verwenden. Beliebt waren lange Zeit die Waldmeisterbrause oder der grüne Waldmeisterwackelpudding. In Berlin gab es sogar grünes Weizenbier mit einem Schuss Waldmeister, das »Berliner Weiße«.[12]

Waldmeister ist als wenig bis kaum giftig eingestuft: Das Kraut enthält Cumaringlykoside, die im welkenden und trocknenden Zustand als Cumarin freigesetzt werden und den charakteristischen Waldmeistergeruch verursachen. Cumarin ist ein natürlicher Aromastoff, der vielfach in der Natur vorkommt. Man findet den Stoff in Zimt oder der Tonkabohne, in geringen Mengen auch in Brombeeren, Erdbeeren, Salbei, Dill und Kamille.

Kapitel 16
Essbare Waldbeeren

Die wilden Waldbeeren sind bei Sammler*innen beliebt und gleichzeitig sehr gesund. Egal ob Blaubeere, Himbeere, Brombeere, Holunder oder Hagebutte, sie alle haben ihren ganz eigenen Geschmack und sind es wert, wiederentdeckt zu werden. Bei der Pflanzung von neuen Beständen könnten sie durch Unterstützung des Vereins VifaGe® e.V. und in Absprache mit den zuständigen Entscheider*innen lokal wieder etabliert werden. Insbesondere könnte der Fokus auf Arten gelegt werden, die bereits bedroht sind, sofern sie sich für den Standort eignen.

Hier werden nur ein paar Arten beispielhaft herausgepickt mit dem Verweis darauf, dass es noch viele mehr gibt, die im Zuge einer Neuaufforstung berücksichtigt werden könnten. Insbesondere bodennahe Beeren lassen sich leicht ernten und damit gut in das VifaGe® Konzept integrieren. Dabei gilt es zu beachten, dass zu stark wuchernde Arten, wie beispielsweise die Brombeere, die langsam wachsenden Nussbäume schnell überwuchern können und daher eher ungeeignet sind.

Die Früchte größerer, beerenbildender Arten wie Eberesche oder Kornelkirsche lassen sich insbesondere im oberen Gehölzbereich kaum ernten, sie bereichern jedoch die Artenvielfalt und sollten deshalb trotzdem berücksichtigt werden. Ähnliches mag für den Wildapfel oder die Wildbirne gelten.

Walderdbeeren (*Fragaria vesca*)

Walderdbeeren haben einen intensiven Geschmack, der besonders bei Kindern sehr beliebt ist. Der botanische Name setzt sich zusammen aus dem lateinischen *fragare* (»Duft«) und *vesca* (»essbar«), was als »essbarer Duft« übersetzt werden kann. Sie wachsen bevorzugt in lichten Laub- und Nadelwäldern oder an Waldrändern auf feuchten, aber gut durchlässigen, nährstoff- und humusreichen Böden. Sie zählen eigentlich nicht zu den »Beeren«, sondern zu den Sammelnussfrüchten. Ihre »Beeren« setzen sich zusammen aus vielen kleinen Einzelfrüchten, den hartschaligen »Nüsschen«, die auf dem roten Blütenboden, dem Fruchtkörper, sitzen. Der Verzehr von Erdbeeren konnte bis in die Steinzeit nachgewiesen werden. Im Mittelalter wurden Walderdbeeren großflächig angebaut. Anbau und Verzehr gerieten jedoch mit dem Siegeszug der großen Gartenerdbeere ab Mitte des 18. Jahrhunderts zunehmend in Vergessenheit.[1]

Unsere Gartenerdbeeren stammen nicht von den heimischen Walderdbeeren, sondern von Vorfahren aus Nord- und Südamerika. Es gibt bei uns jedoch auch Zuchtformen, die aus den Walderdbeeren hervorgegangen sind, nämlich die weniger bekannten Monatsbeeren. Sie zeichnen sich durch einen ähnlich intensiven Geschmack aus, tragen jedoch größere Früchte. Außerdem können sie nicht nur einmalig, sondern von Mai bis zum ersten Frost immer wieder geerntet werden. Selten geworden sind auch die Moschus- oder Zimterdbeere *(Fragaria moschata)* und die Knackerdbeere *(Fragaria viridis)*.

Die Erdbeere wurde auch in der Volksheilkunde verwendet, ist jedoch keine offizielle Heilpflanze. Erdbeeren enthalten viel Vitamin C und Eisen. Außerdem enthalten sie die B-Vitamine Folsäure, Biotin und Pantothensäure sowie Vitamin K. Hinzu kommen Mineralstoffe, Spurenelemente, Gerbstoffe und sekundäre Pflanzenstoffe (Flavonoide und Phenolsäuren).[2]

Die kleinen Beeren lösen sich ohne Kelchblatt von der Pflanze, das Abschneiden des Strunkes entfällt also. Nach dem Pflücken reifen die Beeren nicht nach, man pflückt am besten voll ausgereifte Früchte, die möglichst sofort verspeist oder verarbeitet werden.

Eberesche (*Sorbus aucuparia*)

Die Eberesche, häufig auch unter dem Namen Vogelbeere bekannt, lässt sich gut als begleitende Baumart in naturnahe Wirtschaftswaldbestände integrieren. Die Eberesche ist ausgesprochen unempfindlich gegen Winter- und Spätfrost und gilt als relativ anspruchslos im Hinblick auf Wärme, Wasser und Nährstoffe.[3] Es ist jedoch ein gewisser Humusgehalt im Boden notwendig, damit der Baum anwachsen kann. Daher ist die Eberesche kein Erstbesiedler von Rohböden.

Blätter und Beeren weisen einen hohen Basengehalt (Kalzium, Magnesium, Kalium) auf und führen über den herbstlichen Streufall zu einer Bodenverbesserung insbesondere in Fichtenbeständen. Neben der Verbreitung der Samen durch Vögel und einige Säugetiere erfolgt die Verjüngung über Stockausschläge und Wurzelbrut. Die Verjüngungspflanzen sind dem Wildverbiss stärker ausgesetzt als andere Baumarten.[4] Rehwild nutzt stärkere Pflanzen bevorzugt zum Fegen, also zum Abreiben der Geweihhaut, während Rotwild die Bäume gerne schält. Die Attraktivität der Vogelbeere könnte Schalenwild in Mischwäldern von den Hauptbaumarten ablenken.

Die Eberesche wird von der Beschattung durch andere Arten (vor allem Buche, Tanne, Fichte) verdrängt. Besonders im Alter steigen ihre Lichtansprüche und sie verhält sich wie eine Lichtbaumart. Bei Seitenschatten bildet sie gerade Stämme und schmale Kronen aus, bei direkter Überschirmung sterben die überschirmten Kronenteile jedoch ab.[5]

Das im Splint weiße, im Kern rötlich-braune Holz übertrifft die hohen Festigkeitswerte der Stieleiche.

Die Bäumchen bilden auf günstigen Standorten bereits nach fünf Jahren Früchte, unter weniger geeigneten Bedingungen jedoch erst nach 15 bis 20 Jahren. Die Früchte sind bei Vögeln sehr beliebt. Weniger bekannt ist, dass sie auch für uns Menschen keinesfalls giftig, sondern durchaus auch kulinarisch verwertbar sind. Roh verzehrt schmecken die Früchte sehr bitter und können aufgrund des Parasorbinsäuregehalts in großen Mengen Übelkeit auslösen. Die Parasorbinsäure lässt sich durch einfaches Kochen neutralisieren, wodurch die Vogelbeere sehr schmackhaft wird. Abgekocht kann man die Beeren zur Herstellung von Marmelade, Gelee, Mus, Chutney, Saft oder Likör verwenden. Sie lassen sich auch trocknen oder einfrieren. Die Vogelbeere enthält Sorbose, welches in Form von Sorbit als Zuckerersatz verwendet wurde und für Diabetiker geeignet ist. Heute wird Sorbit industriell hergestellt.

Die Samen enthalten Amygdalin, welches leicht giftig sein kann. Sie werden deshalb entfernt.

Geerntet werden die an Dolden gewachsenen Beeren am besten ab September. Nach dem ersten Frost werden die Früchte aromatischer. Sie verbleiben über den ganzen Winter am Baum und stehen somit für lange Zeit zur Ernte bereit. Der Vitamingehalt nimmt jedoch mit der Zeit ab.[6]

Elsbeere (*Sorbus torminalis*)

Elsbeeren sind in unseren Wäldern eher selten und weitgehend unbekannt. Mit der Umwandlung der Nieder- und Mittelwälder in Hochwälder ist ihr

Bestand in den letzten 150 Jahren in den Wäldern Mitteleuropas stark zurückgegangen.

Die Elsbeere hat einen hohen Wärmeanspruch, jedoch geringe an die Wasserversorgung. Dank ihres intensiven Herzwurzelsystems ist sie stabil gegen Stürme. Der Schädlingsbefall spielt nur eine sehr geringe Rolle.

Obwohl die Elsbeere auch auf trockenen Kalkkuppen wächst, zeigt sie die besten Wuchsleistungen bei guter Nährstoffversorgung auf frischen Lehmböden, sofern sie nicht durch die Konkurrenz anderer Baumarten unterdrückt wird. Im hohen Alter (120 bis 150 Jahre) kann sie beträchtliche Stammdurchmesser (50 Zentimeter) erreichen. Aufgrund ihrer geringen Baumhöhe (20 bis 25 Meter) kann sie jedoch nicht den obersten Kronenraum besetzen. Sie braucht waldbauliche Förderung auf Böden, auf denen sie mit Schattenbaumarten in Konkurrenz steht. Sie ist kein Baum, der ganze Bestände bildet. Der Preis für Elsbeerenholz liegt ein Vielfaches über dem für Eichen- oder Kirschholz, die größten Elsbeerenholzmengen liefert Frankreich.[7]

Die Elsbeere vermehrt sich nur spärlich aus Samen, eine Verjüngung erfolgt überwiegend aus Wurzelbrut und Stockausschlag. Das Holz hat eine rötliche Färbung mit dezenter Zeichnung bei hoher Dichte und Zähigkeit. Es ähnelt sehr dem Birnenholz und wird als Furnier und Möbelholz geschätzt.

Die Früchte der Elsbeere sind essbar, haben aber einen hohen Gerbstoffgehalt und wirken daher adstringierend (also zusammenziehend, austrocknend). Die Ernte der kleinen, rotbraunen und noch ziemlich harten Früchte muss von Hand und noch vor der Fruchtreife erfolgen. Würde man bis zur Reife warten, hätten Vögel die Beeren bereits verzehrt.

Elsbeeren werden in Österreich für die Herstellung eines sehr teuren Edelbrands verwendet, ein Liter kostet etwa 170 bis 200 Euro.[8] Neben der Herstellung von Bränden oder Schnäpsen werden die Beeren auch in Marmeladen, in Süßspeisen, Suppen oder Backwaren verwendet.

Speierling (*Sorbus domestica*)

Der wärmeliebende Speierling ist eine in seinem gesamten Verbreitungsgebiet seltene Baumart, die nur sporadisch in Waldbestände eingemischt ist. Er wurde schon früh als Obstbaum gepflanzt, was eine genaue Bestimmung seines natürlichen Verbreitungsgebiets erschwert. Ursprünglich stammt der Baum aus der Waldgesellschaft des nördlichen Mittelmeergebiets und des Balkans.[9] Die deutschen Vorkommen stammen aus Beständen aus Frankreich, von denen sie nach der Eiszeit wieder einwanderten. Trotz der Seltenheit weist die Baumart eine überraschend hohe genetische Diversität auf.

Der Speierling hat hohe Nährstoffansprüche, die besonders auf Kalkverwitterungsböden und Lössböden erfüllt werden. Er erzielt seine besten Wuchsleistungen auf mittel- bis tiefgründigen Böden, steht dort jedoch in Konkurrenz zur stärkeren Buche. Deshalb findet man ihn eher als trockenheitstolerante Baumart auf flachgründigen Standorten. Der Speierling wächst nur langsam und war im Nieder- und Mittelwald durch seine Befähigung zu Stockausschlag und Wurzelbrut begünstigt. Mit der Umstellung auf Hochwaldbetrieb muss die Baumart waldbaulich gefördert werden, um sie zu erhalten. Die nötige intensive Förderung ist ein Grund dafür, dass die Art im Wald selten gepflanzt wird. Das Splintholz ist sandfarben bis rötlich und ähnelt dem der Elsbeere. Das harte und zähe Kernholz ist oft bräunlich abgesetzt. Mit einem Trockengewicht von 0,9 Gramm pro Kubikzentimeter (Darrdichte) ist das Holz des Speierlings das schwerste europäische Laubholz.[10]

Die birnen- bis apfelförmigen Früchte wurden seit Ende des 18. Jahrhunderts als Beigabe zum Apfelwein verwendet. Sie klären den Apfelwein, verlängern die Haltbarkeit und sorgen für einen herben Geschmack. In Deutschland soll es noch etwa 600 alte Bäume des Speierlings geben, Verbreitungsschwerpunkte liegen in Frankfurt am Main und anderen süddeutschen Apfelanbaugebieten. Als Waldbaum kommt er vor allem in Bayern und Baden-Württemberg vor.

Die Früchte können roh oder gekocht verzehrt werden, haben aber einen hohen Gerbstoffgehalt. Eine kühle Lagerung der Früchte bis zur Überreife kann den Geschmack verbessern. Die Früchte können auch getrocknet werden. Sie eignen sich außerdem für die Herstellung von Apfelwein:

> »Fertig gegärter Apfelwein, als reines Naturprodukt, ist normalerweise naturtrüb. Wird der gerbstoffreiche Saft unreifer Früchte [des Speierlings] in Mengen von 1–3 % hinzugefügt, wird der Apfelwein klar und nimmt ein wenig den Geschmack an, um dann trocken und fruchtig zu schmecken.«[11]

Die Zugabe des Speierlingsaftes soll auch für eine längere Haltbarkeit des vergorenen Apfelsaftes sorgen.

Innerhalb der Schutzgemeinschaft Deutscher Wald gründete sich 1994 der Förderkreis Speierling,[12] der sich der Sicherstellung der Arterhaltung der seltenen Sorbusarten in Europa widmet. Ein Schwerpunkt liegt auch in der Auswahl der besten und wüchsigsten Herkünfte für forstwirtschaftliche Zwecke.

Kapitel 17
Essbares von heimischen Waldbäumen

Viele heimische Waldbäume halten ein kulinarisches Angebot für uns bereit. Arten wie Ahorn, Linde, Ulme, Birke, Pappel und viele andere bieten uns essbare Blätter, Keimlinge, Knospen, Blüten oder Früchte an, die sich auf vielfältige Weise nutzen und verarbeiten lassen. Auch die Nadeln und Samen vieler Nadelgehölze lassen sich verwenden, darunter Fichte, Kiefer oder Tanne. Es gibt eine reiche Literatur und viele Rezepte über unsere essbaren Bäume. Hier sei nur die Rotbuche *(Fagus sylvatica)* erwähnt, da sie beim Thema »Nüsse« in deutschen Wäldern natürlich nicht verschwiegen werden darf. Sie produziert allerdings zu kleine Nüsse, um im Kontext der VifaGe® Nussbaumpflanzungen explizit eingebunden zu werden.

Rotbuche (*Fagus sylvatica*)

Das deutsche Areal bildet eigentlich das Zentrum der Verbreitung der Rotbuchenwälder in Europa. Die Buche ist bis hin in alpine Regionen allen anderen Baumarten überlegen. Würde man »die Natur« sich selbst überlassen, würde sich die Buche wieder ausbreiten, und ein Großteil Deutschlands wäre von Buchen- oder Buchenmischwald bedeckt.

Nach der Umgestaltung der Wälder durch den Menschen umfassen die erhaltenen Restvorkommen von Buchenwäldern nur noch 15 Prozent der heute vorhandenen Waldfläche, das entspricht etwa sieben Prozent des potenziellen deutschen Buchenwaldareals – eine Ironisierung des Mottos: »Buchen sollst du suchen«. Noch in den 1970er-Jahren gab es gewaltige Einschläge in den Buchenbeständen Nordhessens, woraufhin schließlich Aufrufe zur Rettung der Buchenwälder laut wurden.[1]

Als Charakterbaum unserer natürlichen Waldvegetation muss die Buche in Zukunft wieder eine größere Rolle im Waldaufbau spielen. Sie zählt nach heutigem Kenntnisstand zu den genetisch variabelsten Baumarten und weist bezüglich ihrer Standortansprüche eine enorm große ökologische Spannbreite auf. Außerdem wachsen Buchenbestände seit den 1960er-Jahren, dank zunehmender Temperaturen, einer längeren Vegetationszeit und steigenden CO_2- und Stickstoffkonzentrationen in der Luft, um etwa 30 Prozent schneller.

Gleichzeitig trägt die Buche maßgeblich zur Grundwasserneubildung bei: Berechnungen zeigen, dass die Grundwasserspeicherung unter Buchenwäldern drei- bis fünfmal so groß ist wie unter Kiefernforsten.[2] Die glatte Rinde sowie eine Kronenform, die wie ein Trichter wirkt, bewirken bei der Buche einen sehr hohen Stammabfluss, der bis um das 19-fache höher ist als bei Kiefern und Eichen, und mit dem Bestandsalter zunimmt. Dadurch kommt es bei Buchen zu hohen winterlichen Sickerungsraten, während der Oberboden im Sommer feucht gehalten wird. Auch die kühlende Wirkung alter Buchenwälder übertrifft die von Kiefernforsten deutlich: Totholz- und vorratsreiche Laubwälder (Bestandsvolumen 645 Kubikmeter je Hektar) weisen im Sommer eine bis zu zwölf Grad Celsius niedrigere Oberflächentemperatur auf als vorratsarme Kiefern- und Mischbestände (356 bis 431 Kubikmeter je Hektar).[3] Im europäischen Vergleich besitzt Deutschland zwar die größten Holzvorräte (336 Kubikmeter pro Hektar), das Potenzial ist jedoch bei Weitem noch nicht ausgeschöpft. Unbewirtschaftete, artenreiche Buchenmischwälder könnten in Deutschland jedoch deutlich höhere Holzvorräte erreichen.[4] Aus Klimaschutzgründen wie auch aus ökologischer Sicht müssen wir wertvolle alte Wälder (mit Bäumen älter als 180 Jahre) schützen. Aus globalem Blickwinkel sind die mitteleuropäischen Buchenwälder nahezu einzigartig.

Eine Möglichkeit, auch als Privatperson zum Schutz von urwaldähnlichen Wäldern beizutragen, bietet die vom Naturschutzbund Deutschland (NABU) angebotene »Urwaldpatenschaft«.[5]

Zusätzlich existieren vielerorts lokale Angebote, die dem Erhalt der alten Bäume dienen sollen. Im Usinger Stadtwald gibt es zum Beispiel die Möglichkeit, Habitatbäume über »Baumpartnerschaften« auf der gesamten Waldfläche aus der Holznutzung zu nehmen.[6] Hier wären für den VifaGe®-Gedanken insbesondere alte Buchen oder Eichen interessant, die reichlich Erträge liefern.

Aber auch forstwirtschaftlich wird der Anbau der Buche wieder lukrativer. Buchenholz ist insbesondere für die Spanplatten- und Zellstoffindustrie interessant, denn moderne Verleimungstechniken bringen die vorteilhaften Eigenschaften der Buche zur Geltung: »Buchenholz ist eine der zähesten und festesten Holzarten und wiegt bei gleicher Bemessung nur ein Zehntel von Baustahl, hat aber ein Drittel seiner Festigkeit. Dieses günstige Verhältnis von Zugfestigkeit zu Gewicht wird kaum von einem anderen Werkstoff übertroffen.«[7]

Das aus dem Griechischen stammende *Fagus* kann mit »essbar« oder »essen« übersetzt werden, und *sylvatica* bedeutet »aus dem Wald«. Die Rotbuche, *Fagus sylvatica*, steht also buchstäblich für »Essen aus dem Wald«. Obwohl Rotbuchen ihre Früchte erst ab einem Alter von etwa 40 Jahren produzieren, hat der Baum eine lange Tradition als Nahrungsquelle für Mensch und Tier. Die Früchte der Buche heißen Bucheckern, und es handelt sich bei ihnen um kleine Nüsschen. Jeweils ein bis zwei der dreikantigen Nüsschen reifen in einem mit gekrümmten Stacheln ausgestatteten Fruchtbecher heran. Dieser platzt Ende September bis Anfang Oktober auf und gibt die Nüsse frei, die dann vom Boden gesammelt werden können. Sie enthalten viele gesunde Inhaltsstoffe und bestehen zu etwa 45 Prozent aus fettem Öl. Hinzu kommen Stärke (40 Prozent), Eiweiß (25 Prozent), die Vitamine B6 und C sowie Kalzium und Eisen.[8, 9] Bucheckern enthalten allerdings auch Alkaloide und Fagin, die für uns leicht giftig sind. Sie können beim Verzehr größerer Mengen roher Bucheckern Kopfschmerzen und Magenverstimmungen auslösen. Durch kurzes Erhitzen kann man die kritischen Inhaltsstoffe komplett unschädlich machen. Danach sind die Bucheckern eine Delikatesse, die man zum Beispiel als Ersatz für Pinienkerne verwenden kann.

Man schält die Nüsschen am besten, indem man mit einem scharfen Messer die Spitze kappt. Danach kann man die drei Seitenwände abschälen. Die Eckern sind dann noch von einem dünnen Häutchen umgeben, das beim fettfreien Rösten abfällt und aus der Pfanne gepustet werden kann.

Um Schimmel zu vermeiden, sollten Bucheckern zunächst ausgebreitet getrocknet werden, bevor sie länger aufbewahrt werden. Ungeröstet, kühl und trocken in ihrer Schale lassen sie sich bis zur nächsten Ernte lagern.

Aus den Nüssen lässt sich ein hochwertiges, nussiges Öl herstellen. Da Buchen keine regelmäßigen Erträge liefern, lohnen sich insbesondere die Mastjahre, die alle fünf bis acht Jahre auftreten und in denen Eckern in großen Massen produziert werden. Obwohl eine kommerzielle Bucheckerernte schwierig ist, hat sich das Start-up-Unternehmen Forest Garden Labs dieser Herausforderung angenommen. 2019 gegründet, konnte das Start-up bereits 2021 seine erste Ernte einfahren:

> »Drohnen überfliegen für die Ernte vorgesehenen Waldstücke, um die Qualität der Bucheckern zu beurteilen. Auch Satellitenaufnahmen und Wettervorhersagen fließen in die Analyse ein. Da Buchen dazu neigen, ihre Eckern innerhalb eines sehr begrenzten Zeitraums abzuwerfen, lässt sich relativ exakt vorhersagen, zu welchem Zeitpunkt die Ernte am ertragreichsten sein wird. Dafür werden dann Fangnetze auf dem Waldboden ausgelegt. Voraussetzung dafür ist auch, dass diese Areale von Fahrzeugen gut erreicht werden können, sodass nur die buchstäblich letzten Schritte zu Fuß erfolgen müssen.«[10]

Das Unternehmen hat eine eigene Qualitätsprüfung entwickelt und ihr Schälverfahren patentieren lassen. Die eigene Marke heißt Buchengold.

Kapitel 18

Natur- und Menschenschutz durch ungenutzte Flächen

»Wald ist das Miteinander und Füreinander von Pflanzen und Tieren, sichtbaren und unsichtbaren, jungen und alten auf engstem Raum wie auf großer Fläche ... Wald ist selbst heute noch, wo fast alle Bäume unter der Säge sterben, ohne ihr Leben zu Ende gelebt zu haben, das letzte uns verbliebene Großsystem naturnaher Lebensabläufe. Wald lehrt uns Menschlichkeit. Er zeigt dem Wissenden, dass nicht nur das Vollkommene, sondern auch das Krüppelhafte, ja das Kranke dem Gesamtorganismus einer Gesellschaft unverzichtbare Dienste leistet ... Wald lehrt uns, dass Monotonie den Geist verdüstert und das Leben gefährdet: Nur der auf engem Raum jung und alt gestufte Wald ist heiter und standhaft. So verjüngt sich der Wald. Es sterben seine Individuen, sein Leben ist ewig ... Mehr noch als sein Holz, mehr noch als die Atemluft, die er uns kühlt und säubert, das Wasser, dass er uns filtert und bewahrt, die Stille, die er schafft, und den Boden, den er festhält, brauchen wir seine geistigen Wohlfahrtswirkungen ...«

Vorwort aus Rettet den Wald *von Horst Stern (1979)*[1]

Der Anspruch der VifaGe®-Konzepte ist keinesfalls, herkömmlichen Naturschutz zu ersetzen. Insbesondere, da dieser essenziell wichtig ist für den Arten- und Sortenerhalt – und damit für die Vielfalt, die auch in unserem Namen steckt! Unser Ansatz soll eher als eine Ergänzung verstanden werden. Schutz- und Rückzugsgebiete sind und bleiben auch aus VifaGe®-Sicht essenzielle Bestandteile unserer Wälder, und ihr Anteil sollte unbedingt zunehmen. Ein wichtiger Schritt in diese Richtung wäre die längst überfällige Umsetzung des Fünf-Prozent-Ziels der Nationalen Strategie zur biologischen Vielfalt, in dessen Rahmen fünf Prozent aller Wälder in Deutschland bis zum Jahr 2020 aus der forstlichen Nutzung genommen werden sollten, um sie einer »natürlichen« Entwicklung zu überlassen.[2] Dies gilt umso mehr, da wir auch von anderen, oftmals ärmeren Ländern den Schutz von tropischen Regenwäldern oder Savannen einfordern. Aktuell umfasst die Fläche der dauerhaft nutzungsfrei geschützten Naturwälder lediglich 2,8 Prozent der deutschen Gesamtwaldfläche, wovon etwa drei Viertel der erhobenen Einzelflächen eine Größe von unter fünf Hektar aufweisen – in einem Land, welches von Natur aus ein Laubwaldland und damit Bestandteil der weltweiten »grünen Lunge« wäre.

Derzeit gibt es in Deutschland etwa 48 Prozent Privatwald, 19,5 Prozent Körperschaftswald (vor allem Wald von Kommunen/Zweckverbänden), und 32,5 Prozent Staatswald. Die VifaGe® unterstützt weiterhin die Ansicht, dass zusätzlich *mindestens* zehn Prozent aller öffentlichen Wälder aus der Holznutzung genommen werden sollten. Im öffentlichen Bereich gibt es in Deutschland ein Waldpotenzial von mehr als fünf Millionen Hektar. Dabei könnten durchaus auch eine Vielzahl von kleineren, intensiv geschützten Gebieten etabliert werden, die sich über den naturnahen Wirtschaftswald verteilen. Obwohl großflächigere, geschützte Waldgebiete sich besser selbst regulieren und sich vor Umweltveränderungen stärker schützen können, bilden kleine, geschützte Waldinseln wertvolle Trittsteine und Refugien. In Wäldern oder Waldstücken, die aus der Nutzung genommen wurden, gibt es andere Arten als in Wäldern, die intensiv oder extensiv der Holzproduktion dienen. Dabei spielt es nicht so sehr eine Rolle, welcher Wald artenreicher ist. Vielmehr geht es darum, dass in aus der Nutzung genommenen Wäldern seltene Arten, die im Wirtschaftswald kaum Lebensräume finden, ein Refugium bekommen. Ein entscheidender Faktor ist dafür unter anderem das Alter der Bäume.

In Wirtschaftswäldern erfolgt eine Holzernte zwangsläufig früher oder später. Dies hat zur Konsequenz, dass der deutsche Wald als ein in weiten Teilen ökologisch unreifer Wald verstanden werden muss. Der Anteil der unter 60-jährigen Baumbestände liegt bei fast 50 Prozent der Gesamtwaldfläche. Bäume über 160 Jahre machen hingegen gerade so 3,5 Prozent aus, noch ältere Bäume sind absolut rar. Die meisten unserer Urwaldbaumarten könnten 500 Jahre und älter werden. Sie bieten oft erst im höheren Alter Nischen für bestimmte Lebensgemeinschaften. »Das nahezu vollständige Fehlen von Altersphasen mit fortgeschrittener Waldentwicklung hat fatale Wirkungen auf die biologische Vielfalt unserer Wälder«.[3]

Es ist nachgewiesen, dass ungenutzte Wälder einen essenziellen Beitrag zur Artenvielfalt leisten:

»Nach systematischen Untersuchungen in Buchenwäldern Nordostdeutschlands seit 1999 [...] weisen seit über 100 Jahren ungenutzte Bestände [...] im Vergleich zu benachbarten, relativ naturnah bewirtschafteten Wäldern zehn- bis zwanzigmal so viel Totholz, drei- bis viermal so viele verschiedene Waldentwicklungsphasen, drei- bis viermal so viele Mikrohabitate, doppelt so viele Brutvögel und viermal so viel ›Urwaldreliktarten‹ unter den Käfern pro ha auf. [...] Wenn man sich diese Parameter in den ersten Jahrzehnten nach Einstellung der Bewirtschaftung anschaut, bleiben sie zunächst unverändert oder gehen sogar zurück.«[4]

Auch dicke Bäume mit einem Stammdurchmesser von über 70 Zentimetern sind selten. Waldbäume in Deutschland zeigen über das Alter von 300 Jahren hinaus ein fortgesetztes Volumenwachstum. Obwohl bei Buchen das Wachstum des Stammdurchmessers mit fortschreitendem Alter langsam abnimmt, wächst die Stamm- und Astbiomasse dennoch immer schneller, denn der Durchmesser der Jahresringe nimmt zwangsläufig immer mehr zu. Alte Bäume tragen viel stärker zur Biomasseproduktion und damit zur Kohlenstoffspeicherung von Wäldern bei als bisher angenommen. Gerade in Zeiten des Klimawandels gilt es umso mehr, diese Bäume zu erhalten!

Auch wenn von nun an ungenutzte Waldflächen nicht wieder zu den Urwäldern vergangener Zeiten werden, haben sie doch Gelegenheit, zu etwas ganz Neuem zu werden. Zu künftigen Urwäldern mit ganz eigenem Charakter, und das ist okay. Es ist müßig, sich eine Welt auszumalen oder sich eine Welt zu wünschen, in der wir Menschen keine Fußabdrücke hinterlassen hätten. Wir sind noch eine sehr junge Art und müssen lernen, wie wir es besser machen können.

Der Wald kann uns dabei helfen und Anleitung geben: Alte Bäume verursachen bei uns Empfindungen, die wir heutzutage nur noch selten erleben, da diese Bäume einfach fehlen. Vielleicht könnten sie helfen, unsere innere Zerrissenheit zu mildern, so wie sie es bei unseren Vorfahren getan haben. Warum sonst hätten diese in großer Vielzahl Bäume als Gottheiten und Heiligtümer verehrt? Bäume wurden für beseelte Wesen gehalten, die mit uns sprechen. Es gibt viele Schöpfungsmythen, die davon berichten, wie Götter die Menschen aus Bäumen schufen. Betrachtet man unsere Geschichte, dann hat sich diese Vorstellung im übertragenen Sinne bewahrheitet: Holz hat uns geformt.

Kapitel 19

Der Verein VifaGe® e.V.

»Wir sind so viel mehr als das Leben, das wir leben. Wir sind Weltenerschafferinnen, Traumredner, Erfinderinnen und Künstler.
Die Welten
In unseren
Gedanken sind
unendlich und
einzigartig
und mit jedem Moment, den wir ihnen schenken, wachsen sie.«

Hurst, Elise[1]

Die Aufgaben des gemeinnützigen Vereins VifaGe® e.V. sind vielfältig und können sich regional durchaus unterscheiden. Der Verein möchte künftig das geschützte Logo und die zugehörigen Ernteregeln überregional zur Verfügung stellen, um Flächen für eine kostenlose Ernte rechtssicher zu markieren. In Abhängigkeit davon, ob und wie viele kostenlose Ernteangebote andernorts geschaffen werden, möchte VifaGe® e.V. auch eine Plattform bieten für eine Übersicht der rechtssicheren Angebote in ganz Deutschland.

Andere Vereine, Stiftungen, Firmen oder sonstige Organisationen könnten das VifaGe®-Logo in Kombination mit ihrem eigenen Logo nutzen, um ihr eigenes Wirkungsfeld mit einem kostenlosen Angebot zu erweitern. Besitzt eine Organisation beispielsweise zwei Waldgärten, möchte den einen jedoch nur für eine bestimmte Gruppe oder zu anderen Zwecken nutzen, während in dem zweiten eine kostenlose Ernte für alle erlaubt sein soll, so könnte sie an dem einen Waldgarten ausschließlich ihr eigenes Logo anbringen, an dem anderen ihr Logo in Kombination mit dem VifaGe®-Logo. Die Kombination beider Logos würde den letzteren Waldgarten zur kostenlosen Ernte im Namen der Organisation und nach den standardisierten, rechtssicheren Ernteregeln von VifaGe® e.V. ausweisen. Die Ernteregeln enthalten auch einen Haftungsausschuss für den Anbieter und sonstige an dem

Angebot Beteiligte, was im Falle von zum Beispiel allergischen Reaktionen, Vergiftungen oder Unfällen auf den Ernteflächen relevant werden kann. Interessant ist die Verwendung des VifaGe®-Logos vielleicht auch für Städte oder Gemeinden, die zum Beispiel kleinere Flächen innerhalb eines Parks oder sonstiger öffentlicher Flächen explizit für eine kostenlose Ernte freigeben möchten. Jede Fläche erhält neben der Kennzeichnung durch das oder die Logo/s einen zusätzlichen QR-Code, der auf eine Webseite verweist, die ebenfalls personalisiert sein kann und auf welcher die anbietenden Organisationen über die Fläche und ihre Intentionen berichten können.

Im Hinblick auf eine Etablierung der VifaGe®-Wabe »Essbare Wälder« stehen mehrere Möglichkeiten zur Verfügung. Wenn es Interessierte gibt, die keinen eigenen Wald besitzen, könnte sich eine VifaGe®-Ortsgruppe gründen, um sich gezielt für die Etablierung von Nussgehölzen zum Beispiel im örtlichen Kommunalwald einzusetzen. In Absprache mit örtlichen Förstern und anderen Entscheider*innen könnten Ernteflächen so vermehrt im öffentlichen Bereich geschaffen werden. Ein lokales Projekt, dass sich an den Beschreibungen in diesem Buch orientiert, könnte auch von anderen Vereinen, Stiftungen, Firmen oder sonstigen Organisationen angestoßen werden. Eine Zusammenarbeit mit VifaGe® e.V. ist selbstverständlich nicht zwingend, wäre aber für eine größere – da gemeinsame – Reichweite wünschenswert.

Für private Waldbesitzer*innen, die ihren Wald gewinnorientiert bewirtschaften, macht die Etablierung von Nussgehölzen nur Sinn, wenn die Bäume als Anlage für die Folgegeneration betrachtet werden: Die Nussbäume wachsen sehr langsam und werden zu Lebzeiten der privaten Waldbesitzer*innen ihre Hiebsreife nicht erreichen. Gibt es private Waldbesitzer*innen, die ihren Wald nicht ausschließlich wirtschaftlich nutzen und zum Zwecke der allgemeinen Grundversorgung Nussbäume auf ihren Flächen etablieren wollen, kann eine VifaGe®-Ortsgruppe gegründet werden, um dieses Unterfangen zu unterstützen. Das eher seltene Pflanz- oder Saatgut von Nussbäumen ist in der Regel sehr teuer. Bei einjährigem Pflanzgut kann man mit drei bis acht Euro pro Bäumchen rechnen. Eine VifaGe®-Ortsgruppe könnte bei der Finanzierung helfen, indem sie Spenden sammelt, Sponsoren findet oder Fördermittel beantragt beziehungsweise deren Beantragung unterstützt. Nach der Pflanzung muss die Fläche intensiver gepflegt werden als die meisten herkömmlichen Flächen, da die Nussbäume die Beschattung durch konkurrierende Pflanzen nicht gut vertragen. Eine VifaGe®-Ortsgruppe könnte in den ersten Jahren Pflegeaktionen durchführen, bei denen nach Bedarf Beikräuter entfernt und die Baumscheiben freigehalten werden. Nach der Etablierung der Flächen ist eine weitere Tätigkeit des Vereins nicht mehr nötig und die herkömmlichen, waldbaulichen Tätigkeiten werden von den üblichen Verantwortlichen weitergeführt.

Gibt es Waldbesitzer*innen, die bereits einen Bestand an älteren Nussbäumen haben, könnte dieser Bestand explizit zur Ernte angeboten werden. Unter dem vor Ort angebrachten VifaGe®-Logo (ggf. in Kombination mit dem Logo der Anbieterin oder des Anbieters) kann es einen QR-Code geben, der entweder auf eine personalisierte Webseite verweist oder auf generelle Informationen zu den Arten auf der Fläche, die der Verein über seine Webseite künftig zur Verfügung stellen möchte. Ein solches Angebot mit begleitendem Bildungsmaterial kann eine Region zusätzlich aufwerten und den Öko-Tourismus fördern.

Je mehr Nussbäume gepflanzt werden, desto größer wird das Angebot sein. In guten Zeiten sind die Nüsse eine gesunde Leckerei, und es macht Spaß, sie im Wald zu sammeln. In schlechteren Zeiten sind sie Notnahrung und eine Lebensversicherung für uns alle.

Neben dem kulinarischen Angebot möchte der Verein auch einen Bildungsbeitrag leisten. Nur wenigen ist bekannt, dass es eigentlich eine enorme Vielfalt an Nüssen gibt, sowohl was die Arten-, als auch was die Sortenvielfalt betrifft. Während sich das Sammeln und Zubereiten von Wildkräutern sowie das damit verbundene traditionelle Wissen zunehmend in wald-, natur- oder wildnispädagogischen Konzepten wiederfindet,[2, 3] sind Nüsse bisher eher unterrepräsentiert. Durch die Etablierung der Nussgehölze schaffen wir eine Basis, um diese Lücke zu schließen.

Das VifaGe®-Prinzip und der Verein VifaGe® e.V. sind noch jung und sollen in Zukunft weiter wachsen. Hier wurde das Konzept hinter der VifaGe®-Wabe »Essbare Wälder« vorgestellt. Es wird noch weitere Konzepte geben, um das VifaGe®-Prinzip zu etablieren und in deren Rahmen der Verein unterschiedliche Rollen spielen wird. Wir freuen uns über Gleichgesinnte und laden jede*n herzlich ein, uns und unsere Ziele zu unterstützen. Informationen zum Verein und den Projekten gibt es auch auf unserer Webseite www.vielfalt-geniessen.de.[4]

Anmerkungen

Kapitel 1

1 Mora, Camilo et al. (2011): How many species are there on earth and in the ocean?, in: PLoS Biology, 9(8), S. e1001127.

2 Bioversity International (2019): Agrobiodiversity Index Report 2019: risk and resilience, Bioversity Reports, S. 182.

3 VifaGe® (Vielfalt Genießen) e.V. (2024): Kostenlose Nüsse, Obst und essbare Wildpflanzen für alle [https://www.vielfalt-geniessen.de].

4 Intergovernmental Panel on Climate Change (IPCC) (2023): Sections, in: Climate Change 2023: Synthesis Report, S. 35–115.

5 Deutsche Welthungerhilfe e.V. / Concern Worldwide (2023): Global Hunger Index [https://www.globalhungerindex.org/de/].

6 Willett, Walter et al. (2019): Food in the Anthropocene: the EAT-Lancet Commission on healthy diets from sustainable food systems, in: Lancet, 393(10170), S. 447–492.

Kapitel 2

1 Hurtig, Florian (2020): Paradise Lost: Vom Ende der Vielfalt und dem Siegeszug der Monokultur, oekom verlag, S. 14.

Kapitel 3

1 Food and Agriculture Organization of the United Nations (2022): FAOSTAT, Crops and livestock products [https://www.fao.org/faostat/en/#data/QCL].

2 Landini® (2024): Die Zahlen, die Sie rund um den weltweiten Abbau von Nüssen kennen sollten [https://www.landini.it/de/die-zahlen-die-sie-rund-um-den-weltweiten-abbau-von-nuessen-kennen-sollten/].

3 Deutschlandfunk Kultur (2019): Nutella-Nüsse unter Verdacht. Giftige Pestizide bei Haselnuss-Anbau [https://www.deutschlandfunkkultur.de/nutella-nuesse-unter-verdacht-giftige-pestizide-bei-100.html].

4 Liu, Yihua et al. (2016): Residue levels and risk assessment of pesticides in nuts of China, in: Chemosphere, 144, S. 645–651.

5 Aydin, Sozcan et al. (2019): Residue levels of pesticides in nuts and risk assessment for consumers, in: Quality Assurance and Safety of Crops & Foods, 11(6), S. 1–10.

6 Ökotest (2018): Pestizid in Nutella-Nüssen? [https://www.oekotest.de/essen-trinken/Pestizid-in-Nutella-Nuessen-_600729_1.html].

7 Ökolandbau (2020): Nüsse in der Bio-Lebensmittelverarbeitung [https://www.oekolandbau.de/verarbeiter/einkauf/nuesse/].

8 Utopia (2023): Gesund, aber: Das solltest du über die Schattenseiten von Nüssen wissen [https://utopia.de/ratgeber/nuesse-nachhaltigkeitsproblem-bio-nuesse/].

9 Hartig, Terry et al. (2014): Nature and health, in: Annu Rev Public Health, 35, S. 207–228.

10 Geng, Liuna et al. (2015): Connection with nature and environmental behaviors, in: PLoS One, 10(5), e0127247.

11 Frumkin, Howard et al. (2017): Nature contact and human health: a research agenda, in: Environ Health Perspect, 125(7), 075001.

12 Zelenski, John M. et al. (2015): Cooperation is in our nature: nature exposure may promote cooperative and environmentally sustainable behavior, in: J Environ Psychol, 42, S. 24–31.

13 Bauhus, Jürgen et al. (2021): Die Anpassung von Wäldern und Waldwirtschaft an den Klimawandel, Gutachten des Wissenschaftlichen Beirates für Waldpolitik, in: Berichte über Landwirtschaft, Sonderheft 233, S. 40.

14 Vacik, Harald et al. (2020): Non-wood forest products in Europe. Ecology and management of mushrooms, tree products, understory plants and animal products. Outcomes of the COST Action FP1203 on European NWFPs, Books on Demand GmbH.

15 Stiftung Warentest (2017): Wie viel Schadstoffe stecken in Haselnüssen und Walnüssen? [https://www.test.de/Nuesse-Wie-viel-Schadstoffe-stecken-in-Haselnuessen-und-Walnuessen-5241876-0/].

16 Ökotest (2021): Walnüsse im Test: Mineralöl und schlechter Geschmack ein Problem [https://www.oekotest.de/essen-trinken/Walnuesse-im-Test-Mineraloel-und-schlechter-Geschmack-ein-Problem_12270_1.html].

17 Ökotest (2022): Milka & Nutella sind »ungenügend«: 21 Nuss-Nougat-Cremes im Test [https://www.oekotest.de/essen-trinken/Milka-Nutella-sind-ungenuegend-21-Nuss-Nougat-Cremes-im-Test_13041_1.html].

18 Hartig, Terry et al. (2014): Nature and health, in: Annu Rev Public Health, 35, S. 207–228.

19 Geng, Liuna et al. (2015): Connection with nature and environmental behaviors, in: PLoS One, 10(5), e0127247.

20 Frumkin, Howard et al. (2017): Nature contact and human health: a research agenda, in: Environ Health Perspect, 125(7), 075001.

21 Zelenski, John M. et al. (2015): Cooperation is in our nature: nature exposure may promote cooperative and environmentally sustainable behavior, in: J Environ Psychol, 42, S. 24–31.

22 Bauhus, Jürgen et al. (2021): Die Anpassung von Wäldern und Waldwirtschaft an den Klimawandel, Gutachten des Wissenschaftlichen Beirates für Waldpolitik, in: Berichte über Landwirtschaft, Sonderheft 233, S. 40.

23 Wolfslehner, Bernhard et al. (2019): Non-wood forest products in Europe: Seeing the forest around the trees. What Science Can Tell Us 10, European Forest Institute.

24 Plotkin, Mark et al. (1992): Sustainable Harvest and Marketing of Rain Forest Products, Island Press.

25 Niekisch, Manfred (2005): Biodiversität als Entwicklungspotenzial: Paradigmenwechsel im Naturschutz, in: Fritz, Barbara et al. (Hrsg.) Ökonomie unter den Bedingungen Lateinamerikas. Erkundungen zu Geld und Kredit, Sozialpolitik und Umwelt, Vervuert Verlagsgesellschaft, S. 81–92.

26 Bauhus, Jürgen et al. (2021): Die Anpassung von Wäldern und Waldwirtschaft an den Klimawandel, Gutachten des Wissenschaftlichen Beirates für Waldpolitik, in: Berichte über Landwirtschaft, Sonderheft 233, S. 40.

27 Bauhus, Jürgen et al. (2021): Die Anpassung von Wäldern und Waldwirtschaft an den Klimawandel, Gutachten des Wissenschaftlichen Beirates für Waldpolitik, in: Berichte über Landwirtschaft, Sonderheft 233, S. 40.

28 Lovrić, Marko et al. (2021): Collection and consumption of non-wood forest products in Europe, in: Forestry. An International Journal of Forest Research, 94(5), S. 757–770.

29 Lovrić, Marko et al. (2021): Collection and consumption of non-wood forest products in Europe, in: Forestry. An International Journal of Forest Research, 94(5), S. 757–770.

30 Bao, Ying et al. (2013): Association of nut consumption with total and cause-specific mortality, in: N Engl J Med, 369(21), S. 2001–2011.

31 Aune, Dagfinn et al. (2016): Nut consumption and risk of cardiovascular disease, total cancer, all-cause and cause-specific mortality: a systematic review and dose response meta-analysis of prospective studies, in: BMC medicine, 14(1), S. 207.

32 Kris-Etherton, Penny M. et al. (2008): The role of tree nuts and peanuts in the prevention of coronary heart disease: multiple potential mechanisms, in: The Journal of nutrition, 138(9), S. 1746–1751.

33 Sabaté, Joan et al. (2010): Nut consumption and blood lipid levels: a pooled analysis of 25 intervention trials, in: Arch Intern Med, 170(9), S. 821–827.

34 Grosso, Giuseppe et al. (2016): Nut consumption and age-related disease, in: Maturitas, 84, S. 11–16.

35 Willett, Walter et al. (2019): Food in the Anthropocene: the EAT-Lancet Commission on healthy diets from sustainable food systems, in: Lancet, 393(10170), S. 447–492.

36 World Health Organization (2016): WHO recommendations for antenatal care for a positive pregnancy experience, in: WHO Guideline, S. 82.

37 Crawford, Martin (2021): How to grow your own nuts. Choosing, cultivating and harvesting nuts in your garden, Green Books, Appendix 1.

38 Crawford, Martin (2021): How to grow your own nuts. Choosing, cultivating and harvesting nuts in your garden, Green Books, Appendix 1.

39 Bundesamt für Strahlenschutz (2023): Natürliche Radioaktivität in Paranüssen [https://www.bfs.de/DE/themen/ion/umwelt/lebensmittel/paranuesse/paranuesse_node.html].

Kapitel 4

1 Xu, Hong-He et al. (2017): Unique growth strategy in the Earth's first trees revealed in silicified fossil trunks from China, in: Proceedings of the National Academy of Sciences, 114, S. 12009–12014.

2 Bayerische Landesanstalt für Wald und Forstwirtschaft (2024): Was ist eigentlich Lignin? [https://www.lwf.bayern.de/wissenstransfer/forstcastnet/232375/index.php].

3 Wohlleben, Peter et al. (2023): Waldwissen. Vom Wald her die Welt verstehen. Erstaunliche Erkenntnisse über den Wald, den Menschen und unsere Zukunft, Ludwig Verlag, S. 27.

4 Küster, Hansjörg (2008): Geschichte des Waldes. Von der Urzeit bis zur Gegenwart, Verlag C. H. Beck, S. 14.

5 Ebd., S. 21.

6 Jiang, Zikun et al. (2016): A Jurassic wood providing insights into the earliest step in Ginkgo wood evolution, in: Sci Rep, 6, S. 38191.

7 Küster, Hansjörg (2008): Geschichte des Waldes. Von der Urzeit bis zur Gegenwart, Verlag C. H. Beck, S. 23.

8 Ebd., S. 25.

9 Wikipedia (2023): Zeittafel der Menschheitsgeschichte [https://de.wikipedia.org/wiki/Zeittafel_der_Menschheitsgeschichte].

10 Thieme, Hartmut (2007): Die ältesten Speere der Welt: Altpaläolithische Fundplätze mit Holzgeräten aus Schöningen, in: Landesmuseum für Natur und Mensch (Hg.): Holz-Kultur. Von der Urzeit bis in die Zukunft, S. 78–86.

11 Birks, H. John B. et al. (2010): Alpines, trees, and refugia in Europe, in: Plant Ecology and Diversity, 1, S. 147–160.

12 Bemmann, Albrecht et al. (2022): Vom Glück der Ressource: Wald und Forstwirtschaft im 21. Jahrhundert, oekom verlag, S. 20.

13 Willis, Kathi J. et al. (2014): The Evolution of Plants. 2nd ed, Oxford University Press.

14 Combourieu-Nebout, Nathalie et al. (2015): Climate changes in the central Mediterranean and Italian vegetation dynamics since the Pliocene, in: Review of Palaeobotany and Palynology, 218, S. 127–147.

15 Birks, H. John B. et al. (2016): Past forests of Europe, in: San Miguel Ayanz, Jesus et al. (Hrsg.) European Atlas of Forest Tree Species, Publication Office of the European Union, S. 36–39.

16 Frei, Jonas (2023): Die Walnuss. Arten, Botanik, Geschichte, Kultur. AT Verlag, S. 30.

17 Spektrum Lexikon der Geographie (2001): Weichsel-/Würm-Kaltzeit [https://www.spektrum.de/lexikon/geographie/weichsel-wuerm-kaltzeit/8917].

18 Küster, Hansjörg (2008): Geschichte des Waldes. Von der Urzeit bis zur Gegenwart, Verlag C. H. Beck, S. 46.

19 Hurtig, Florian (2020): Paradise Lost: Vom Ende der Vielfalt und dem Siegeszug der Monokultur, oekom verlag, S. 35–41.

20 Zagwijn, Waldo H. (1994): Reconstruction of climate change during the Holocene in western and central Europe based on pollen records of indicator species, in: Vegetation History and Archaeobotany, 3, S. 65–88.

21 Hauser, Albert (1966): Die Forstwirtschaft der »Hausväter«, in: Schweizerische Zeitschrift für Forstwesen.

Kapitel 5

1 Radkau, Joachim (2007): Holz. Wie ein Naturstoff Geschichte schreibt, oekom verlag, S. 29–30.

2 Wikipedia (2024): Geschichte des Waldes in Mitteleuropa [https://de.wikipedia.org/wiki/Geschichte_des_Waldes_in_Mitteleuropa#Die_W%C3 %A4lder_in_Germanien].

3 Radkau, Joachim (2007): Holz. Wie ein Naturstoff Geschichte schreibt, oekom verlag, S. 19–21.

4 Peglar, Sylvia M. et al. (1993): The mid-Holocene Ulmus fall at Diss Mere, south-east England – disease and human impact?, in: Vegetation History and Archaeobotany, 2, S. 61–68.

5 Küster, Hansjörg (1997): The role of farming in the postglacial expansion of beech and hornbeam in the oak woodlands of central Europe. The Holocene, 7(2), S. 239–242.

6 Krumm, Frank et al. (2019): Eingeführte Baumarten in europäischen Wäldern: Chancen und Herausforderungen, European Forest Institute, S. 47.

7 Radkau, Joachim (2007): Holz. Wie ein Naturstoff Geschichte schreibt, oekom verlag, S. 57.

8 Bauer, Otto (1925): Der Kampf um Wald und Weide. Studien zur österreichischen Agrargeschichte und Agrarpolitik, Wiener Volksbuchhandlung, S. 41.

9 Radkau, Joachim (2007): Holz. Wie ein Naturstoff Geschichte schreibt, oekom verlag, S. 311.

10 Rubner, Heinrich (1967): Forstgeschichte im Zeitalter der industriellen Revolution, Duncker & Humblot, S. 102.

11 Sperl, Gerhard (1984): Die Technologie der direkten Eisenherstellung, in: Roth, Paul W. (Hg.): Erz und Eisen in der Grünen Mark, S. 90.

12 Radkau, Joachim (2007): Holz. Wie ein Naturstoff Geschichte schreibt, oekom verlag, S. 88.

13 Küster, Hansjörg (2008): Geschichte des Waldes. Von der Urzeit bis zur Gegenwart, Verlag C. H. Beck, S. 165.

14 Blau, Josef (1917): Böhmerwälder Hausindustrie und Volkskunst. Band I Wald- und Holzarbeit, Böhmerwald-Bücher, S. 102.

15 Wikipedia (2024): Geschichte des Waldes in Mitteleuropa [https://de.wikipedia.org/wiki/Geschichte_des_Waldes_in_Mitteleuropa#Die_W%C3 %A4lder_in_Germanien].

16 Olonscheck, Dietmar (2017): Menschen über Bäume. Gedanken, Begebenheiten und Anekdoten aus vier Jahrtausenden, oekom verlag, S. 23.

17 Cotta, Heinrich (1821): Anweisung zum Waldbau, Dresden Arnold, Vorrede zur ersten Auflage.

18 Olonscheck, Dietmar (2017): Menschen über Bäume. Gedanken, Begebenheiten und Anekdoten aus vier Jahrtausenden, oekom verlag, S. 67.

19 Schwappach, Adam Friedrich (1886): Handbuch der Forst- und Jagdgeschichte Deutschlands, Berlin J. Springer, S. 712–713.

20 Mantel, Kurt (1975): 100 Jahre Forst- und Holzwirtschaft und ihr Weg in die Zukunft, in: Holz-Zentralblatt, 11, S. 122.

21 Schutzgemeinschaft Deutscher Wald Bundesverband e.V. (2024): Geschichte der SDW [https://www.sdw.de/ueber-die-sdw/geschichte-der-sdw/].

22 Mantel, Kurt (1975): 100 Jahre Forst- und Holzwirtschaft und ihr Weg in die Zukunft, in: Holz-Zentralblatt, 11, S. 122.

23 Bundesministerium für Ernährung und Landwirtschaft (2024): Statistik und Berichte des BMEL, Forstwirtschaft [https://www.bmel-statistik.de/forst-holz/].

24 Bundesministerium für Ernährung und Landwirtschaft (2023): Ergebnisse der Waldzustandserhebung 2022 [https://www.bmel.de/DE/themen/wald/wald-in-deutschland/waldzustandserhebung.html].

25 Franke, Nils M. (2015): 40 Jahre BUND. Die Geschichte des Bund für Umwelt und Naturschutz Deutschland e.V., BUND.

26 Greenpeace (2024): Greenpeace Deutschland [https://www.greenpeace.de/ueber-uns/organisation/greenpeace-deutschland].

27 Die Grünen (2024): Grüne Geschichte [https://www.gruene.de/unsere-gruene-geschichte].

28 Robin Wood (2024): Wer wir sind [https://www.robinwood.de/wer-wir-sind].

29 Umwelt Bundesamt (2023): Stickstoffdioxid-Belastung [https://www.umweltbundesamt.de/daten/luft/stickstoffdioxid-belastung#belastung-durch-stickstoffdioxid].

30 BundesBürgerInitiative WaldSchutz (BBIWS) (2024): Gemeinsam stark für unseren Wald [https://www.bundesbuergerinitiative-waldschutz.de/].

31 Waldreport (2023): Wir wollen wissen, wo unsere Wälder akut bedroht sind [https://waldreport.de/].

32 Bundesministerium für Ernährung und Landwirtschaft (2023): Massive Schäden. Einsatz für die Wälder [https://www.bmel.de/DE/themen/wald/wald-in-deutschland/wald-trockenheit-klimawandel.html].

33 Panek, Norbert (2021): Holzfabrik in der Krise, in: Knapp, Hans D. et al. (Hrsg.): Der Holzweg. Wald im Widerstreit der Interessen, oekom verlag, S. 163–174.

Kapitel 6

1 Schützt den Pfälzer Wald (2024): Urteil BGH zum Bürgerwald [https://www.schuetzt-den-pfaelzerwald.de/wirtschaftswald/urteil-bgh-zum-b%C3 %BCrgerwald/].

2 Bundesministerium für Ernährung und Landwirtschaft (2016): Im Wald, in: forschungsfelder, 3, S. 11.

3 Panek, Norbert (2021): Holzfabrik in der Krise, in: Knapp, Hans D. et al. (Hrsg.): Der Holzweg. Wald im Widerstreit der Interessen, oekom verlag, S. 163–174.

4 Olonscheck, Dietmar (2017): Menschen über Bäume. Gedanken, Begebenheiten und Anekdoten aus vier Jahrtausenden, oekom verlag, S. 43.

Kapitel 7

1 Frei, Jonas (2023): Die Walnuss. Arten, Botanik, Geschichte, Kultur. AT Verlag, S. 21–34.

2 PennState Estension (2023): Landscaping and Gardening Around Walnuts and Other Juglone Producing Plants [https://extension.psu.edu/landscaping-and-gardening-around-walnuts-and-other-juglone-producing-plants].

3 Frei, Jonas (2023): Die Walnuss. Arten, Botanik, Geschichte, Kultur. AT Verlag, S. 15–18.

4 Schaarschmidt, Horst (2006): Die Walnussgewächse: Juglandaceae, Militzke Verlag GmbH, S. 124–125.

5 Rebmann (1914): Beiträge über die Anzucht einiger Carya-Arten, in: Mitteilungen der Deutschen Dendrologischen Gesellschaft, 23, S. 1–24.

6 Olonscheck, Dietmar (2017): Menschen über Bäume. Gedanken, Begebenheiten und Anekdoten aus vier Jahrtausenden, oekom verlag, S. 52.

7 de Rigo, Daniele et al. (2016): Juglans regia in Europe: distribution, habitat, usage and threats, in: San-Miguel-Ayanz, Jesus et al. (Hrsg.), European Atlas of Forest Tree Species, Publication Office of the EU, S. e01977c+.

8 Mettendorf, Bernhard et al. (1996): Der Anbau der Walnuss zur Holzproduktion, in: FVA-Merkblatt, 47, S. 1–16.

9 Ehring, Andreas et al. (2010): Der Schwarznussbaum (Juglans nigra): Wertvoll, aber mit hohen Ansprüchen, in: Wald Holz, 91(5)5, S. 25–28.

10 Bartsch, Norbert (1990): Bestandsformen und Wuchsleistung von Juglans nigra in den Rheinauen, in: Allgemeine Forstzeitschrift, 48, S. 1230–1233.

11 Mauri, Achille et al. (2022): EU-Trees4F, a dataset on the future distribution of European tree species, in: Sci Data, 9(1), S. 37.

12 European Commission (2024): Forests and Climate Change [https://forest.jrc.ec.europa.eu/en/activities/forests-and-climate-change/].

13 EU-Trees4F (2024): Juglans regia – model projections from EU-Trees4F [https://forest.jrc.ec.europa.eu/media/EU-Trees4F/EU-Trees4F_Juglans_regia.html].

14 Ehring, Andreas (2005): Nussanbau zur Holzproduktion, in: Merkblätter der forstlichen Versuchs- und Forschungsanstalt Baden-Württemberg, 52, S. 1–16.

15 Schmidt, Olaf (2008): Beiträge zur Walnuss, in: LWF Wissen, 60, S. 31–35.

16 Schmidt, Olaf (2008): Beiträge zur Walnuss, in: LWF Wissen, 60, S. 31–35.

17 Ehring, Andreas (2005): Nussanbau zur Holzproduktion, in: Merkblätter der forstlichen Versuchs- und Forschungsanstalt Baden-Württemberg, 52, S. 1–16.

18 Interessensgemeinschaft Nuss (2024): Sektion Holz [http://www.ig-nuss.de/ueber_uns.htm].

19 Crawford, Martin (2021): How to grow your own nuts. Choosing, cultivating and harvesting nuts in your garden, Green Books, S. 265–277.

20 Material Archiv (2024): Nussbaum [https://materialarchiv.ch/de/ma:material_532?type=all&n=Grundlagen].

21 Fleischhauer, Steffen Guido et al. (2013): Enzyklopädie Essbare Wildpflanzen: 2000 Pflanzen Mitteleuropas, AT Verlag, S. 445–446.

22 Günzel, Corinna (2020): Die Echte Walnuss. Jupiters Eichel – wiederentdeckt in Natur und Kultur, Verlag Rockstuhl, S. 31–44.

23 Bundesamt für Naturschutz (2013): Flora Web. Juglans nigra L. – Schwarze Walnuss [https://www.floraweb.de/webkarten/karte.html?taxnr=3126].

24 Ehring, Andreas (2005): Nussanbau zur Holzproduktion, in: Merkblätter der forstlichen Versuchs- und Forschungsanstalt Baden-Württemberg, 52, S. 1–16.

25 Schmidt, Olaf (2008): Beiträge zur Walnuss, in: LWF Wissen, 60, S. 31–35.

26 Jotz, Sarah et al. (2020): Waldbauliche und ökologische Potentiale der Schwarznuss (Juglans nigra L.). Eine Literaturstudie, in: FAWF, Untersuchungen über die integration der Schwarznuss (Juglans nigra L.) in die Waldökosysteme der Pfälzer Rheinebene, Mitteilungen aus der Forschungsanstalt für Waldökologie und Forstwirtschaft Rheinland-Pfalz, 87/20, S. 1–3.

27 Cavlovic, Juro et al. (2010): Stand growth models for more intensive management of Juglans nigra: A case study in Croatia, in: Scandinavian Journal of Forest Research, 25(2), S. 138–147.

28 Jotz, Sarah et al. (2020): Waldbauliche und ökologische Potentiale der Schwarznuss (Juglans nigra L.). Eine Literaturstudie, in: FAWF, Untersuchungen über die integration der Schwarznuss (Juglans nigra L.) in die Waldökosysteme der Pfälzer Rheinebene, Mitteilungen aus der Forschungsanstalt für Waldökologie und Forstwirtschaft Rheinland-Pfalz, 87/20, S. 1–3.

29 Rumpf, Hendrik et al. (2014): Anbauerfahrungen mit der Schwarznuss. Im Hessischen Ried und im südniedersächsischen Bergland, in: AFZ-Der Wald, 3, S. 26–29.

30 Rumpf, Hendrik et al. (2014): Anbauerfahrungen mit der Schwarznuss. Im Hessischen Ried und im südniedersächsischen Bergland, in: AFZ-Der Wald, 3, S. 26–29.

31 John, Volker et al. (2018). Epiphytische Flechten und Moose an Schwarznuss (Juglans nigra L.) in der Pfälzer Rheinaue. Ein Beitrag zur Untersuchung der ökologischen Einnischung in die natürliche Auenwaldgesellschaft.

32 Material Archiv (2024): Nussbaum, amerikanisch [https://materialarchiv.ch/de/ma:material_1295/?q=Walnuss&type=all&n=Grundlagen].

33 Crawford, Martin (2021): How to grow your own nuts. Choosing, cultivating and harvesting nuts in your garden, Green Books, S. 103–112.

34 Reid, William et al. (2009): Growing Black Walnut for Nut Production, in: Agroforestry in Action 1011, University of Missouri Center for Agroforestry, S. 1–15.

35 Frei, Jonas (2023): Die Walnuss. Arten, Botanik, Geschichte, Kultur. AT Verlag, S. 21–34.

36 Hertel, W. (1994): Wal(d)nussbäume in der Schweiz: Jahrestagung der Interessengemeinschaft Nussanbau, in: Allgemeine Forstzeitschrift, 49(19), S. 14–26.

37 Schmidt, Olaf (2008): Beiträge zur Walnuss, in: LWF Wissen, 60, S. 37–40.

38 Crawford, Martin (2021): How to grow your own nuts. Choosing, cultivating and harvesting nuts in your garden, Green Books, S. 123–128.

39 Schwarz, H. (1936): Hickory als Parkbaum in Deutschland, in: Mitteilungen der Deutschen Dendrologischen Gesellschaft, 48, S. 65–68.

40 Rebmann (1914): Beiträge über die Anzucht einiger Carya-Arten, in: Mitteilungen der Deutschen Dendrologischen Gesellschaft, 23, S. 1–25.

41 Hartig, M. (1972): Heutiger Zustand und Ergebnisse einiger nach 1880 von der ehemaligen Preußischen Forstlichen Versuchsanstalt in Thüringen durchgeführten Anbauversuche mit fremdländischen Baumarten, in: Wissenschaftliche Zeitschrift Dresden, 21, S. 1229–1230.

42 Lembke, G. (1975): Der forstliche Anbau einiger Hickory-Arten im Forstbezirk Bad Freienwalde, in: Gehölzkunde in unserer Zeit, S. 34–41.

43 Material Archiv (2024): Hickory [https://materialarchiv.ch/de/ma:material_1205?type=all&n=Grundlagen].

44 Sachsse, H. (1980): Über einige Holzeigenschaften der Carya ovata K. Koch aus einem westdeutschen Versuchsanbau, in: Holz als Roh- und Werkstoff, 38, S. 45–50.

45 Rollenbeck, Richmud (2014): Carya illinoinensis – Pekannussbaum, Pekan (Juglandaceae), in Jahrbuch des Bochumer Botanischen Vereins e.V., 5, S. 173–177.

46 Rollenbeck, Richmud (2014): Carya illinoinensis – Pekannussbaum, Pekan (Juglandaceae), in Jahrbuch des Bochumer Botanischen Vereins e.V., 5, S. 173–177.

47 Crawford, Martin (2021): How to grow your own nuts. Choosing, cultivating and harvesting nuts in your garden, Green Books, S. 171–177.

48 Schaarschmidt, Horst (2006): Die Walnussgewächse: Juglandaceae, Militzke Verlag, S. 69–70.

49 Crawford, Martin (2021): How to grow your own nuts. Choosing, cultivating and harvesting nuts in your garden, Green Books, S. 171–177.

50 Trueb, Lucien F. (1999): Früchte und Nüsse aus aller Welt, S. Hirzel Verlag, S. 247–251.

Kapitel 8

1 Ecker, Klement et al. (2006): Die Edelkastanie – Waldbaum und Obstgehölz, in: ARGE Zukunft Edelkastanie, Verein zur Erhaltung und Förderung der Kastanienkultur, S. 9.

2 Conedera, M. et al. (2016): Castanea sativa in Europe: distribution, habitat, usage and threats. In: San-Miguel-Ayanz, Jesus et al. (Hrsg.): European Atlas of Forest Tree Species, Publication Office of EU, S. e0125e0+.

3 Jäger, Orlando (2013): Der Kastanienbaum – mehr als nur Holz, in: Bündner Wald, 66(2), S. 13–17.

4 Ecker, Klement et al. (2006): Die Edelkastanie – Waldbaum und Obstgehölz, in: ARGE Zukunft Edelkastanie, Verein zur Erhaltung und Förderung der Kastanienkultur, S. 1–16.

5 Rigling, Daniel et al. (2014): Der Kastanienrindenkrebs. Schadsymptome, Biologie und Gegenmassnahmen, in: Eidg. Forschungsanstalt WSL, Merkblatt für die Praxis, 54, S. 1–8.

6 Wambsganß, Wolfgang (2012): Die Edelkastanie in den Wäldern des pfälzischen Forstamtes Haardt, Forstamt Haardt, S. 5.

7 Jäger, Orlando (2013): Der Kastanienbaum – mehr als nur Holz, in: Bündner Wald, 66(2), S. 13–17.

8 Conedera, M. et al. (2016): Castanea sativa in Europe: distribution, habitat, usage and threats. In: San-Miguel-Ayanz, Jesus et al. (Hrsg.): European Atlas of Forest Tree Species, Publication Office of EU, S. e0125e0+.

9 Thurm, Eric Andreas et al. (2024): Anbaueignung der Edelkastanie in Deutschland, in: LWF Wissen, 81, S. 1–10.

10 Hübner, Christoph et al. (2019): Die Edelkastanie – ist sie die Rettung?, in: LWF aktuell, 123, S. 1–4.

11 EU-Trees4F (2024): Castanea sativa – model projections from EU-Trees4F [https://forest.jrc.ec.europa.eu/media/EU-Trees4F/EU-Trees4F_Castanea_sativa.html].

12 Interessensgemeinschaft Edelkastanie (2024): Über uns [https://ig-edelkastanie.de/ueber_uns.php].

13 Ernst, Segatz (2013): Eignung der Edelkastanie als Biotop, in: AFZ-Der Wald, 16, S. 6–9.

14 Geiger, Johann (2022): Saatgut alternativer Baumarten für Bayern, in: Bayerische Landesanstalt für Wald und Forstwirtschaft, 3, S. 1–3.

15 Ebd.

16 Rudow, Andreas (2024): Wertholzproduktion mit der Edelkastanie auf der Alpennordseite, Kursdokumentation CPP/APW, S. 11.

17 Material Archiv (2024): Edelkastanie [https://materialarchiv.ch/de/ma:material_618?type=all&n=Grundlagen].

18 Jäger, Orlando (2013): Der Kastanienbaum – mehr als nur Holz, in: Bündner Wald, 66(2), S. 13–17.

19 Food and Agriculture Organization of the United Nations (2022): FAOSTAT, Crops and livestock products [https://www.fao.org/faostat/en/#data/QCL].

20 Wikipedia (2022): Chinesische Kastanie [https://de.wikipedia.org/wiki/Chinesische_Kastanie#cite_note-FAO-3].

21 Graubuenden (2024): Kastanienlehrpfad Castasegna [https://www.graubuenden.ch/de/touren/kastanienlehrpfad-castasegna].

22 Crawford, Martin (2021): How to grow your own nuts. Choosing, cultivating and harvesting nuts in your garden, Green Books, S. 227–242.

23 Conedera, Marco (2007): Blütenphänologie und Biologie der Edelkastanie, in: Schweizer phänologischer Rundbrief, 7, S. 1–2.

24 Schmidt, Olaf (2008): Beiträge zur Edelkastanie, in: LWF Wissen, 81, S. 1–16.

25 Fleischhauer, Steffen Guido et al. (2013): Enzyklopädie Essbare Wildpflanzen: 2000 Pflanzen Mitteleuropas, AT Verlag, S. 158–159.

26 Bundesministerium für Ernährung und Landwirtschaft, Referat 533 für nationale Waldpolitik und Jagd (2023): Entdecke den Wald in Deutschland, Die kleine Waldfibel, S. 24.

27 Eaton, E. et al. (2016): Quercus robur and Quercus petraea in Europe: distribution, habitat, usage and threats. In: San-Miguel-Ayanz, Jesus et al. (Hrsg.), European Atlas of Forest Tree Species, Publication Office of EU, S. 160–163.

28 EU-Trees4F (2024): Quercus robur – model projections from EU-Trees4F [https://forest.jrc.ec.europa.eu/media/EU-Trees4F/EU-Trees4F_Quercus_robur.html].

29 EU-Trees4F (2024): Quercus petraea – model projections from EU-Trees4F [https://forest.jrc.ec.europa.eu/media/EU-Trees4F/EU-Trees4F_Quercus_petraea.html].

30 Wikipedia (2024): Eichen [https://de.wikipedia.org/wiki/Eichen#cite_note-Wichard1998-12].

31 Bußler, Heinz (2014): Käfer und Großschmetterlinge an der Traubeneiche, in: LWF Wissen, 75, S. 89–93.

32 Olonscheck, Dietmar (2017): Menschen über Bäume. Gedanken, Begebenheiten und Anekdoten aus vier Jahrtausenden, oekom verlag, S. 39.

33 Material Archiv (2024): Eiche [https://materialarchiv.ch/de/ma:material_244/?q=eiche&type=all&n=Grundlagen].

34 Hurtig, Florian (2020): Paradise Lost: Vom Ende der Vielfalt und dem Siegeszug der Monokultur, oekom verlag, S. 114.

35 Radkau, Joachim (2012): Natur und Macht. Eine Weltgeschichte der Umwelt, Verlag C. H. Beck, S. 74.

36 Lüders, Erika (1946): 10 Pfund Eicheln sind 7 Pfund Eichelmehl. Ein Eichelkochbuch, Linde Verlag, Heft 4, S. 3.

37 Selbermacher unterwegs (2024): Eicheln [https://www.youtube.com/@Selbermacherunterwegs2021/search?query=Eicheln].

38 Strauß, Markus (2020): Köstliches von Waldbäumen: bestimmen, sammeln und zubereiten, Hädecke Verlag, S. 22–29.

39 PlantMaps (2024): Germany Plant Hardiness Zone Map [https://www.plantmaps.com/interactive-germany-plant-hardiness-zone-map-celsius.php].

40 Royal Horticultural Society (RHS) (2012): Hardiness Rating [https://www.rhs.org.uk/plants/trials-awards/award-of-garden-merit/rhs-hardiness-rating].

41 Bellusci, Giovanna et al. (2023): Assessing molecular diversity among 87 species of the Quercus L. genus by RAPD markers, in: Genet Resour Crop Evol, 70, S. 2683–2694.

42 Jawarneh, Mohammad S. et al. (2013): Characterization of Quercus species distributed in Jordan using morphological and molecular markers, in: African Journal of Biotechnology, 12(12), S. 1326–1334.

43 European Commission (2024): Forrests and Climate Change [https://forest.jrc.ec.europa.eu/en/activities/forests-and-climate-change/].

44 Crawford, Martin (2021): How to grow your own nuts. Choosing, cultivating and harvesting nuts in your garden, Green Books, S. 185–201.

45 Crawford, Martin (2021): How to grow your own nuts. Choosing, cultivating and harvesting nuts in your garden, Green Books, S. 185–201.

46 EU-Trees4F (2014): Quercus pubescens – model projections from EU-Trees4F [https://forest.jrc.ec.europa.eu/media/EU-Trees4F/EU-Trees4F_Quercus_pubescens.html].

47 EU-Trees4F (2014): Quercus cerris – model projections from EU-Trees4F [https://forest.jrc.ec.europa.eu/media/EU-Trees4F/EU-Trees4F_Quercus_cerris.html].

48 EU-Trees4F (2014): Quercus frainetto – model projections from EU-Trees4F [https://forest.jrc.ec.europa.eu/media/EU-Trees4F/EU-Trees4F_Quercus_frainetto.html].

49 EU-Trees4F (2014): Quercus ilex – model projections from EU-Trees4F [https://forest.jrc.ec.europa.eu/media/EU-Trees4F/EU-Trees4F_Quercus_ilex.html].

50 Wissenschaftsgarten Goethe Universität (2024): Versuchspflanzung mit wärmeliebenden Eichenarten [https://www.uni-frankfurt.de/51839121/Eichen].

51 Moers, Walter (2017): Rumo und Die Wunder im Dunkeln, Piper Verlag, S. 365–372.

Kapitel 9

1 Frei, Jonas (2023): Die Haselnuss: Arten, Botanik, Geschichte, Kultur, AT Verlag, S. 21.

2 Frei, Jonas (2023): Die Haselnuss: Arten, Botanik, Geschichte, Kultur, AT Verlag, S. 25–26.

3 Frei, Jonas (2023): Die Haselnuss: Arten, Botanik, Geschichte, Kultur, AT Verlag, S. 38

4 Hurtig, Florian (2020): Paradise Lost: Vom Ende der Vielfalt und dem Siegeszug der Monokultur, oekom verlag, S. 35–41.

5 Frei, Jonas (2023): Die Haselnuss: Arten, Botanik, Geschichte, Kultur, AT Verlag, S. 21.

6 Statista (2022): Produktion der führenden Erzeugerländer von Haselnüssen weltweit in den Jahren 2021 und 2022 [https://de.statista.com/statistik/daten/studie/1102705/umfrage/produktion-der-fuehrenden-erzeugerlaender-von-haselnuessen/].

7 Ökotest (2022): Milka & Nutella sind »ungenügend«: 21 Nuss-Nougat-Cremes im Test [https://www.oekotest.de/essen-trinken/Milka-Nutella-sind-ungenuegend-21-Nuss-Nougat-Cremes-im-Test_13041_1.html].

8 Crawford, Martin (2021): How to grow your own nuts. Choosing, cultivating and harvesting nuts in your garden, Green Books, S. 147–163.

9 Hurtig, Florian (2020): Paradise Lost: Vom Ende der Vielfalt und dem Siegeszug der Monokultur, oekom verlag, S. 35–41.

10 Karin Greiner (2017): Bäume – in Küche und Heilkunde: 80 Rezepturen für Wohlbefinden und Hausapotheke. 180 Rezepte von herzhaft bis süss, AT Verlag, S. 102–107.

11 Fleischhauer, Steffen Guido et al. (2013): Enzyklopädie Essbare Wildpflanzen: 2000 Pflanzen Mitteleuropas, AT Verlag, S. 271–272.

12 Ebd.

13 Karin Greiner (2017): Bäume – in Küche und Heilkunde: 80 Rezepturen für Wohlbefinden und Hausapotheke. 180 Rezepte von herzhaft bis süss, AT Verlag, S. 102–107.

14 PEFC (2021): Intakte Waldränder: Warum sie jetzt gefördert werden [https://www.pefc.de/neuigkeiten/intakte-waldrander-warum-sie-jetzt-gefordert-werden].

15 Frei, Jonas (2023): Die Haselnuss: Arten, Botanik, Geschichte, Kultur, AT Verlag, S. 21.

16 Fischer-Rizzi, Susanne (2007): Blätter von Bäumen. Heilkraft und Mythos einheimischer Bäume, AT Verlag, S. 80.

17 Deutsche Wildtier Stiftung (2024): Haselmaus – Kletterkünstler in der Strauchschicht [https://www.deutschewildtierstiftung.de/wildtiere/haselmaus].

18 Ruhm, Werner (2013): Die Baumhasel – trockenresistent und wertvoll, in: Die Landwirtschaft, S. 22–23.

19 Material Archiv (2024): Baumhasel [https://materialarchiv.ch/de/ma:material_800/?q=Hasel&type=all&n=Grundlagen].

20 Richter, Echhard (2012): Baumhasel – Ein Baum für den Klimawandel?!, in: AFZ-Der Wald, 8, S. 8–9.

21 Ruhm, Werner (2013): Die Baumhasel – trockenresistent und wertvoll, in: Die Landwirtschaft, S. 22–23.

22 Richter, Echhard (2014): Ein Stadtbaum für den Wald? Baumhasel statt Roteiche, in: Wald Holz, 95(4), S. 40–42.

Kapitel 10

1 MDR Wissen (2022): Den Ginkgo juckt die Dürre nicht [https://www.mdr.de/wissen/baeume-klimawandel-ginkgo-jena-goethe-100.html].

2 Spohn, Margot et al. (2017): Die Rinden unserer Bäume: Die 70 häufigsten Arten entdecken, bestimmen und verstehen, Quelle & Meyer Verlag, S. 167–171.

3 Material Archiv (2024): Ginkgo [https://materialarchiv.ch/de/ma:material_616/?q=gin&type=all&n=Grundlagen].

4 Crawford, Martin (2021): How to grow your own nuts. Choosing, cultivating and harvesting nuts in your garden, Green Books, S. 135–142.

Kapitel 11

1 Birks, H. John B. et al. (2016): Past forests of Europe, in: San Miguel Ayanz, Jesus et al. (Hrsg.) European Atlas of Forest Tree Species, Publication Office of the European Union, S. 36–39.

2 FSC Deutschland (2018): Liste heimische Baumarten [https://www.fsc-deutschland.de/liste-heimische-baumarten/].

3 Panek, Norbert (2021): Holzfabrik in der Krise, in: Knapp, Hans D. et al. (Hrsg.): Der Holzweg. Wald im Widerstreit der Interessen, oekom verlag, S. 163–174.

4 Clasen, Christian (2013): Die finanziellen Auswirkungen überhöhter Wildbestände in Deutschland, Technische Universität München, S. 34.

5 Mettendorf, Bernhard (2016): Eingeführte Baumarten als Alternative zur Esche, in: AFZ-Der Wald, 8, S. 54.

6 Küster, Hansjörg (2008): Geschichte des Waldes. Von der Urzeit bis zur Gegenwart, Verlag C. H. Beck, S. 240.

7 Umwelt Bundesamt (2015): Stoffe in Böden [https://www.umweltbundesamt.de/themen/boden-flaeche/bodenbelastungen/stoffe-in-boeden].

8 Umwelt Bundesamt (2015): Stoffe in Böden [https://www.umweltbundesamt.de/themen/boden-flaeche/bodenbelastungen/stoffe-in-boeden].

9 Paeger, Jürgen (2016): Ökosystem Erde [https://www.oekosystem-erde.de/html/bodengefaehrdung.html].

10 König, Nils et al. (2016): Schwermetallbelastung der Wälder, in: Waldzustandsbericht 2016. Hessisches Ministerium für Umwelt, Klimaschutz, Landwirtschaft und Verbraucherschutz, S. 34–38.

11 Pschyrembel Online (2020): Itai-Itai-Krankheit [https://www.pschyrembel.de/Itai-Itai-Krankheit/K0B80].

12 König, Nils et al. (2016): Schwermetallbelastung der Wälder, in: Waldzustandsbericht 2016. Hessisches Ministerium für Umwelt, Klimaschutz, Landwirtschaft und Verbraucherschutz, S. 34–38.

13 Wikipedia (2023): Liste von stillgelegten Bergwerken in Deutschland [https://de.wikipedia.org/wiki/Liste_von_stillgelegten_Bergwerken_in_Deutschland].

14 Wikipedia (2024): Liste der aktiven Bergwerke in Deutschland [https://de.wikipedia.org/wiki/Liste_der_aktiven_Bergwerke_in_Deutschland].

15 Hallmann, Caspar A. et al. (2017): More than 75 percent decline over 27 years in total flying insect biomass in protected areas, in: PLoS ONE, 12(10), S. e0185809.

16 Gemeinsames Informationspapier von BfN und UBA (2015): Pflanzenschutz mit Luftfahrzeugen, Umweltbundesamt, 3, S. 1–11.

Kapitel 12

1 Nordwestdeutsche Forstliche Versuchsanstalt (2024): Forschung und Beratung rund um den Wald in vier Bundesländern [https://www.nw-fva.de/wir].

2 Kasper, Lars (2023): Baumschule für Klimawandelgehölze [https://klimawandelgehoelze.jimdo.com/].

3 Die Forstpflanze (2024): Haselnuss (Corylus Avellana) [https://www.die-forstpflanze.de/haselnuss-corylus-avellana].

4 Baumschule Wurzelwerk (2024): Unser Sortiment [https://www.baumschule-wurzelwerk.de/unser-sortiment/].

5 Leader Region Hoher Taunus (2024): Wir fördern Projekte mit Mehrwert für die Region! [https://www.zukunft-hoher-taunus.de/].

6 VifaGe® (Vielfalt Genießen) e.V. (2024): Kostenlose Nüsse, Obst und essbare Wildpflanzen für alle [https://www.vielfalt-geniessen.de].

Kapitel 13

1 Radkau, Joachim (2007): Holz. Wie ein Naturstoff Geschichte schreibt, oekom verlag, S. 19–21.

2 Radkau, Joachim (2007): Holz. Wie ein Naturstoff Geschichte schreibt, oekom verlag, S. 233.

3 Haas Maschinenbau GmbH Co.KG (2024): HAAS Bagger »Raptor BHST 1740« [https://www.haas-maschinenbau.com/haas-produkte/harvester-umbauten/bagger-umbauten/bagger-raptor-bhst-1740.html].

4 Leinen, Loretta et al. (2021). Waldböden – unter Druck gesetzt, in: Knapp, Hans D. et al. (Hrsg.): Der Holzweg. Wald im Widerstreit der Interessen, oekom verlag, S. 103–112.

5 Knapp, Hans D. et al. (Hrsg.): Der Holzweg. Wald im Widerstreit der Interessen, oekom verlag, S. 9.

6 Radkau, Joachim (2007): Holz. Wie ein Naturstoff Geschichte schreibt, oekom verlag, S. 29–30.

7 Fähser, Lutz (2021): Das Lübecker Konzept der »naturnahen Waldnutzung«. Ökonomie durch Ökologie, in: Knapp, Hans D. et al. (Hrsg.): Der Holzweg. Wald im Widerstreit der Interessen, oekom verlag, S. 333–352.

8 Naturwald Akademie (2024): Unsere Schwerpunkte [https://naturwald-akademie.org/].

9 Czybulka, Detlef (2021): Eigentum verpflichtet: die Ökologiepflichtigkeit des Waldeigentums, in: Knapp, Hans D. et al. (Hrsg.): Der Holzweg. Wald im Widerstreit der Interessen, oekom verlag, S. 309–330.

10 Naturland (2023): Öko-Wald [https://www.naturland.de/de/naturland/wofuer-wir-stehen/oeko-wald.html].

Kapitel 14

1 Bundesamt für Justiz (2024): Gesetz zur Erhaltung des Waldes und zur Förderung der Forstwirtschaft (Bundeswaldgesetz) [https://www.gesetze-im-internet.de/bwaldg/BJNR010370975.html].

2 Bundesamt für Justiz (2024): Gesetz über Naturschutz und Landschaftspflege (Bundesnaturschutzgesetz – BNatSchG) § 39 Allgemeiner Schutz wild lebender Tiere und Pflanzen; Ermächtigung zum Erlass von Rechtsverordnungen [https://www.gesetze-im-internet.de/bnatschg_2009/__39.html].

3 Bundesamt für Justiz (2024): Gesetz über Naturschutz und Landschaftspflege (Bundesnaturschutzgesetz – BNatSchG) § 39 Allgemeiner Schutz wild lebender Tiere und Pflanzen; Ermächtigung zum Erlass von Rechtsverordnungen [https://www.gesetze-im-internet.de/bnatschg_2009/__39.html].

Kapitel 15

1 Strauß, Markus (2020): Die 12 wichtigsten essbaren Wildpflanzen: Bestimmen, sammeln und zubereiten, Hädecke Verlag, S. 6.

2 Storl, Wolf-Dieter (2022): Meine Kräuter des Waldes: Kraftvolle Pflanzenpersönlichkeiten entdecken und nutzen, Gräfe und Unzer Verlag, S. 5–11.

3 Storl, Wolf-Dieter (2022): Meine Kräuter des Waldes: Kraftvolle Pflanzenpersönlichkeiten entdecken und nutzen, Gräfe und Unzer Verlag, S. 5–11.

4 Storl, Wolf-Dieter (2022): Meine Kräuter des Waldes: Kraftvolle Pflanzenpersönlichkeiten entdecken und nutzen, Gräfe und Unzer Verlag, S. 30–41.

5 Storl, Wolf-Dieter (2022): Meine Kräuter des Waldes: Kraftvolle Pflanzenpersönlichkeiten entdecken und nutzen, Gräfe und Unzer Verlag, S. 30–41.

6 Fleischhauer, Steffen Guido et al. (2013): Enzyklopädie Essbare Wildpflanzen: 2000 Pflanzen Mitteleuropas, AT Verlag, S. 73.

7 Strauß, Markus (2017): Die Wald-Apotheke. Bäume, Sträucher und Wildkräuter, die nähren und heilen, Knaur Menssana, S. 81–91.

8 Storl, Wolf-Dieter (2022): Meine Kräuter des Waldes: Kraftvolle Pflanzenpersönlichkeiten entdecken und nutzen, Gräfe und Unzer Verlag, S. 30–41.

9 Kostbare Natur (2024): Verwechslungsgefahr: Bärlauch von Maiglöckchen, Herbstzeitlose und anderen Pflanzen unterscheiden [https://www.kostbarenatur.net/verwechslung-baerlauch-maigloeckchen-herbstzeitlose/#disqus_thread/].

10 Fleischhauer, Steffen Guido et al. (2013): Enzyklopädie Essbare Wildpflanzen: 2000 Pflanzen Mitteleuropas. AT Verlag, S. 126–127.

11 Storl, Wolf-Dieter (2022): Meine Kräuter des Waldes. Kraftvolle Pflanzenpersönlichkeiten entdecken und nutzen, Gräfe und Unzer Verlag, S. 55–59.

12 Ebd., S. 89–99.

Kapitel 16

1 Strauß, Markus (2015): Die 12 besten Beeren: aus Wildsammlung und aus dem Garten, Hädecke Verlag, S. 84–91.

2 Fleischhauer, Steffen Guido et al. (2013): Enzyklopädie Essbare Wildpflanzen: 2000 Pflanzen Mitteleuropas, AT Verlag, S. 131–133.

3 Raspé, Olivier et al. (2000): Biological flora of the British isles: Sorbus aucuparia L., in: Journal of Ecology, 88, S. 910–930.

4 Prien, S. et a. (1997): Risikofaktoren, Schädigungen und Forstschutzmaßnahmen bei der Vogelbeere, in: Allgemeine Forstzeitschrift, 52, S. 524–529.

5 Bartsch, Norbert et al. (2006): Waldbau auf ökologischer Grundlage, UTB, S. 106–111.

6 Langnitz, Maria (2023): Eberesche Kochbuch. Die leckersten Vogelbeeren Rezepte für jeden Geschmack und Anlass – inkl. Dips, Aufstrichen & Getränken, Edition Paria, S. 1–4.

7 Bartsch, Norbert et al. (2006): Waldbau auf ökologischer Grundlage, UTB, S. 106–111.

8 Kausch-Blecken von Schmeling, Wedig (1994): Wald. Deine Natur. Die Elsbeere – Sorbus torminalis L., Schutzgemeinschaft Deutscher Wald – Bundesverband e.V. (SDW), S. 1–4.

9 Kausch, Wedig (1992): Wald. Deine Natur. Der Speierling – Sorbus domestica L., Schutzgemeinschaft Deutscher Wald – Bundesverband e.V. (SDW), S. 1–4.

10 Bartsch, Norbert et al. (2006): Waldbau auf ökologischer Grundlage, UTB, S. 106–111.

11 Nuss, Nico (2024): Speierling für den Apfelwein [https://apfelwein24.de/speierling-fuer-den-apfelwein/].

12 Schutzgemeinschaft Deutscher Wald – Bundesverband e.V. (SDW) (2024): Förderkreis Speierling [https://www.sdw.de/fuer-den-wald/aktivitaeten-im-wald/foerderkreis-speierling/].

Kapitel 17

1 Mülder, Dietrich (1982): Helft unsere Buchenwälder retten! Ein Leitfaden für Bürgerinitiativen, DRW-Verlag.

2 Ökoinstitut e.V. (2020): Literaturstudie Wasserhaushalt und Waldbau, Studie für den Naturschutzbund Deutschland (NABU), S. 1–22.

3 Ibisch, Pierre L. (2019): Barnim-Atlas Lebensraum im Wandel. Eine Ökosystembasierte Betrachtung des Barnims zum Wohle der Menschen, Welk, Ehm Verlagsbuchhandlung, S. 1–91.

4 Welle, Torsten et al. (2018): Alternativer Waldzustandsbericht, Naturwaldakademie, S. 247.

5 NABU-Stiftung Nationales Naturerbe (2024): Urwald-Pate werden [https://naturerbe.nabu.de/spenden-und-helfen/patenschaften/urwald-von-morgen.html].

6 Stadt Usingen (2024): Baumpartnerschaftsvermittlung [https://www.usingen.de/baumpartnerschaft/].

7 Schäfer, Ingrid et al. (1993): 100 Jahre Buchen-Sperrholz. Aus der Geschichte der Blomberger Holzindustrie 1893–1993, Blomberg Holzindustrie, S. 25.

8 Strauß, Markus (2020): Köstliches von Waldbäumen: bestimmen, sammeln und zubereiten, Hädecke Verlag, S. 16–21.

9 Fleischhauer, Steffen Guido et al. (2013): Enzyklopädie Essbare Wildpflanzen: 2000 Pflanzen Mitteleuropas, AT Verlag, S. 274.

10 Food Innovation Camp (2022): Forest Garden Labs macht den Wald zur Nahrungsquelle [https://foodinnovationcamp.de/forest-garden-labs-macht-den-wald-zur-nahrungsquelle/].

Kapitel 18

1 Knapp, Hans D. et al. (Hrsg.): Der Holzweg. Wald im Widerstreit der Interessen, oekom verlag, S. 9.

2 Höltermann, Anke et al. (2020): Forstlich ungenutzte Wälder in Deutschland. Bedeutung für den Naturschutz und ökonomische Effekte der Umsetzung des 5 %-Ziels der Nationalen Strategie zur biologischen Vielfalt, in: Natur und Landschaft, 95(2), S. 80–87.

3 Panek, Norbert (2021): Holzfabrik in der Krise, in: Knapp, Hans D. et al. (Hrsg.): Der Holzweg. Wald im Widerstreit der Interessen, oekom verlag, S. 163–174.

4 Panek, Norbert (2021): Holzfabrik in der Krise, in: Knapp, Hans D. et al. (Hrsg.): Der Holzweg. Wald im Widerstreit der Interessen, oekom verlag, S. 163–174.

Kapitel 19

1 Hurst, Elise (2023): Das Buch, das auf deine Geschichten wartet, Adrian und Wimmelbuchverlag.

2 Fenton, Lisa et al. (2020): Bushcraft education as radical pedagogy, in: Pedagogy, Culture & Society, 30, S. 715–729.

3 Wistoft, Karen (2012): The desire to learn as a kind of love: gardening, cooking, and passion in outdoor education, in: Journal of Adventure Education and Outdoor Learning, 13(2), S. 125–141.

4 VifaGe® (Vielfalt Genießen) e.V. (2024): Kostenlose Nüsse, Obst und essbare Wildpflanzen für alle [https://www.vielfalt-geniessen.de].